Clifford代数
及其在量子通信中的应用

宋元凤◎著

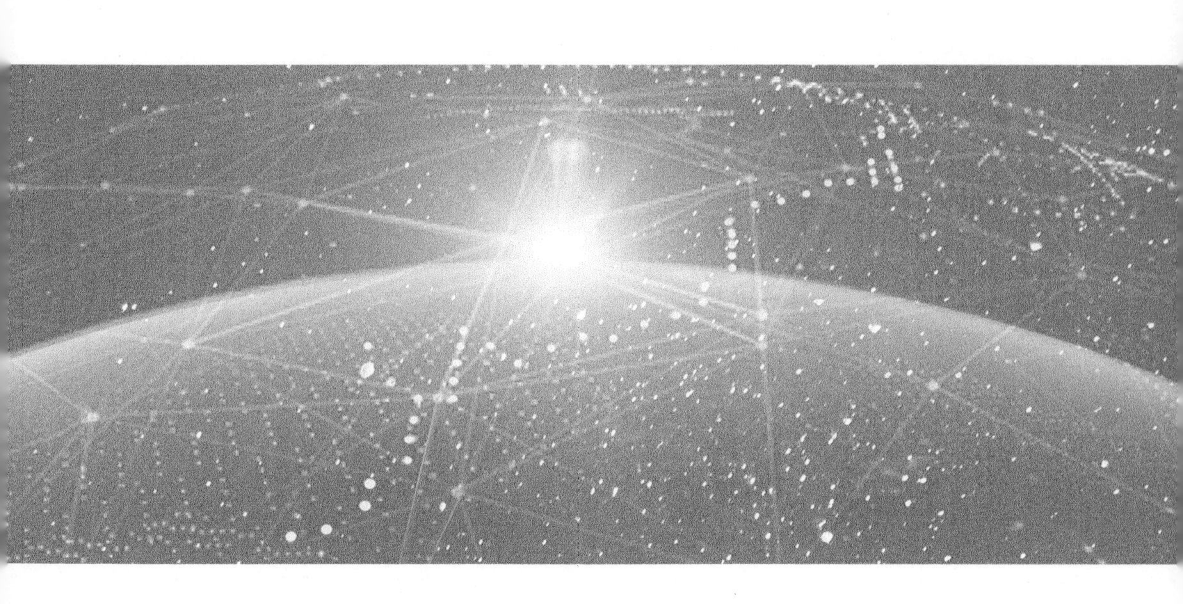

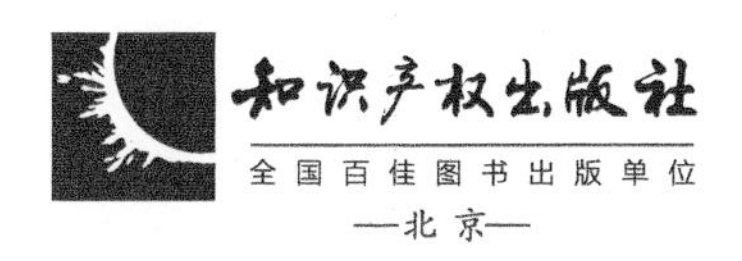

图书在版编目（CIP）数据

Clifford 代数及其在量子通信中的应用/宋元凤著．—北京：知识产权出版社，2022.12
ISBN 978-7-5130-8483-3

Ⅰ.①C… Ⅱ.①宋… Ⅲ.①Clifford 分析—应用—量子力学—光通信—研究
Ⅳ.①TN929.1

中国版本图书馆 CIP 数据核字(2022)第 222366 号

内容提要

Clifford 代数是由英国数学家 W. K. Clifford（1845—1879）引入的一类结合代数，在 Cartan、Atiyah、Bott 和 Shapiro 提出实 Clifford 代数的八周期理论后达到了空前的高峰．本书首先根据实 Clifford 代数的八周期理论给出了实 Clifford 代数 $C\ell_{p,q}$ 的张量积的统一表达式、实 Clifford 代数 $C\ell_{p,q}$ 的单位群的矩阵表示、Clifford 群的性质和实 Clifford 代数的生成空间——n 维 Minkowski 空间中的格序半群结构．而后利用 Clifford 代数 $C\ell_3$ 的基元研究 2 比特 X 态通过幅值阻尼信道相干性的相对熵度量演变，研究三类量子态在取定一组相互无偏基下的密度矩阵的性质及其相干性的相对熵度量的性质．

责任编辑：韩　冰　　**责任校对**：潘凤越

封面设计：回归线（北京）文化传媒有限公司　**责任印制**：孙婷婷

Clifford 代数及其在量子通信中的应用

宋元凤　著

出版发行：	知识产权出版社有限责任公司	**网　址**：	http://www.ipph.cn
社　址：	北京市海淀区气象路 50 号院	**邮　编**：	100081
责编电话：	010-82000860 转 8126	**责编邮箱**：	hanbing@cnipr.com
发行电话：	010-82000860 转 8101/8102	**发行传真**：	010-82000893/82005070/82000270
印　刷：	北京九州迅驰传媒文化有限公司	**经　销**：	新华书店、各大网上书店及相关专业书店
开　本：	720mm×1000mm 1/16	**印　张**：	7.75
版　次：	2022 年 12 月第 1 版	**印　次**：	2022 年 12 月第 1 次印刷
字　数：	120 千字	**定　价**：	79.00 元

ISBN 978-7-5130-8483-3

前　　言

Clifford 代数是由英国数学家 W. K. Clifford（1845—1879）引入的一类结合代数，其目的是把四元数推广到任意有限维的情形．由于 Clifford 代数具有通用性的特点以及直观的几何解释，其在物理、黑洞、宇宙论、量子轨道、量子场理论、机器人、计算机视觉等领域有广泛的应用．Clifford 代数的研究在 Cartan、Atiyah、Bott 和 Shapiro 提出实 Clifford 代数的八周期理论后达到了空前的高峰．本书研究了实 Clifford 代数 $C\ell_{p,q}$ 在中心上的张量积及其表示、实 Clifford 代数 $C\ell_{p,q}$ 的单位群的矩阵表示、Clifford 群的性质和实 Clifford 代数的生成空间——n 维 Minkowski 空间中的格序半群结构．

量子通信是指利用量子纠缠效应进行信息传递的一种新型的通信方式，是近二十年发展起来的新型交叉学科，是量子论和信息论相结合的新的研究领域．量子通信可以从根本上解决国防、金融、政务、商业等领域的信息安全问题，而利用 Clifford 代数研究量子相干性、量子纠缠等量子通信问题已经成为国际研究热点．

本书内容安排如下：

第 1 章介绍了本书的研究背景及相关进展．介绍了与本书研究相关的基础知识，包括实 Clifford 代数和量子通信相关知识．

第 2 章首先研究了实 Clifford 代数 $C\ell_{p,q}$ 在中心上的张量积和矩阵表示. 根据实 Clifford 代数的八周期理论给出了实 Clifford 代数 $C\ell_{p,q}$ 的张量积的统一表达式，并同时给出了张量积形式下的矩阵表示. 然后给出了实 Clifford 代数 $C\ell_{0,2k+1}$ 的一个较简单的张量积和矩阵表示. 最后讨论了实 Clifford 代数 $C\ell_{p,q}$ 的张量积因子 $C\ell_{1,1}$ 的结构.

第 3 章首先给出了实 Clifford 代数的矩阵表示分类. 然后介绍了 $C\ell_{p,q}$（$p+q=3$）的忠实的实矩阵表示与非忠实的实矩阵表示，进而能够算出实 Clifford 代数的全部的实矩阵表示.

第 4 章在第 2 章和第 3 章研究的实 Clifford 代数的张量积及其表示的基础上讨论了实 Clifford 代数的单位群 $C\ell_{p,q}^*$ 的矩阵表示. 利用实 Clifford 代数的三种对合刻画了实 Clifford 代数 $C\ell_{p,q}$（$p+q=3$）的可逆元的特点并给出了其单位群的矩阵表示. 利用 Clifford 群 $\Gamma_{p,q}$ 与 $\mathbb{R}^{p,q}$ 基元的关系，刻画了 Clifford 群的三个子集的关系.

第 5 章研究了实 Clifford 代数 $C\ell_{n-1,1}$ 的生成空间 $\mathbb{R}^{n-1,1}$ 中的格序半群结构和格序半线性空间的结构.

第 6 章首先利用 Clifford 代数 $C\ell_3$ 的基元研究了 2 比特 X 态通过幅值阻尼信道相干性相对熵的演变. 其次研究了三类量子态在取定一组相互无偏基下的密度矩阵的性质及其相干性的相对熵度量的性质.

目　录

1 预备知识

Clifford 代数是由英国数学家 W. K. Clifford（1845—1879）引入的一类结合代数[1]，他在 Grassmann 的外代数 $\wedge \mathbb{R}^n$ 上对向量引入了一个新的乘法，在$\mathbb{R}^3$ 这种特殊情形下构造了四元数[2]. Clifford 代数也被 Lipschitz 独立发现，他同时给出了 Clifford 代数在几何上的第一个应用，即$\mathbb{R}^n$ 上的旋转表示 .

1878 年，Clifford 考虑了如下乘法规则：

$$\boldsymbol{e}_i\boldsymbol{e}_j = -\boldsymbol{e}_j\boldsymbol{e}_i, i\neq j,$$

$$\boldsymbol{e}_i\boldsymbol{e}_i = -1,$$

从而得到了负定空间$\mathbb{R}^{0,n}$上的代数 $C\ell_{0,n}$[3]. 由于这类代数可以刻画平面及高维的几何对象，也可以刻画旋转、反射和其他几何变换，所以 Clifford 称这类代数为几何代数 . 这种几何代数也被其他人重新发现并推广，但基于 Clifford 所做的贡献，现在称这类代数以及被推广了的这类代数为 Clifford 代数 .

1880 年，德国数学家 Lipschitz[4] 在研究平方和时也发现了 Clifford 代数，并研究了 Clifford 代数在高维空间中的几何应用 . 1928 年，Dirac[5] 在 Klein-Gordon 方程中构造了实 Clifford 代数 $C\ell_{1,3}$的生成元. 1937 年，Witt[6] 首次把 Clifford 代数与二次型结合起来，把 Clifford 代数定义为特征不等于 2 的任意域上的非退化二次代数. 1954 年, Chevalley[7]进一步发展了 Witt 的定义，去掉了特征不等于 2 的这个限制条件，并给出了 Clifford 代数最一般的定义，即 $C\ell(Q) = \otimes V/I_Q$. 这个定义对交换环也是有效的 . 1969 年，Porteous[8]给出了 Clifford 代数定义的坐标形式 .

20 世纪初，Clifford 代数并未得到太多人的关注 . 直到 20 世纪 20 年代，Clifford 代数因其在物理领域中的应用而受到人们的关注，并在理论研究方面得到快速发展 . 1902 年，Vahlen[9]通过 Clifford 矩阵表示引入了 Vahlen 矩阵和 Vahlen 群，从而刻画了 Möbius 变换的表示 . 1949 年，Maass[10]改进了 Vahlen 矩阵的定义，使其应用更加广泛 . 1958 年，Riesz[11]利用特征不等于 2 的域上的 Clifford 代数重新构造了 Grassmann 的外代数 . Clifford 代数可以应用到 K – 理论方面[12-16]. Atiyah 等[17]、Karoubi[15]、Porteous[8]等对 Clifford 代数的模结构进行了研究 . Hirzebruch[18]与 Atiyah 等[19-22]利用 Clifford 代数研究了指标理论 . 20 世纪 70 年代，Delanghe 等[23-25]和 Hestenes[26]创立了 Clifford 分析 . 同时，由于 Clifford 代数具有通用性的特点以及直观的几何解释，其在物理、黑洞、宇宙论、量子轨道、量子场理论、机器人、计算机、计算机视觉等[27-33]领域有广泛的应用 . 特别是 Clifford 代数在物理方面的应用是深刻而广泛的，在这方面的应用已经产生了大量的文献，得到了丰富的成果 .

Clifford 代数理论的发展以发现实 Clifford 代数的八周期理论而达到了空前的高峰[17]. 1908 年，Cartan[34]发现了一般 Clifford 代数与矩阵代数之间的关系，并得到实 Clifford 代数矩阵表示的八周期定理. 1964 年，Atiyah、Bott 和 Shapiro[17]发展了这一理论，给出了实 Clifford 代数的八周期定理 $C\ell_{0,p+8}\simeq C\ell_{0,p}\otimes C\ell_{0,8}$ 以及 $C\ell_{q,0}$（$1\leqslant q\leqslant 8$）的矩阵表示. 1969 年，Porteous[8]利用分次实 Clifford 代数的反对合给出了实 Clifford 代数的八周期定理 $C\ell_{p,q+8}\simeq C\ell_{p,q}\otimes C\ell_{0,8}\simeq \mathrm{Mat}(16, C\ell_{p,q})$ 以及 $C\ell_{p,q}$（$p+q\leqslant 8$）的矩阵表示. 1990 年，Harvey[35]利用 $p-q$ 模 8 的余数给出了实 Clifford 代数的八周期定理以及 $C\ell_{p,q}$（p，$q\leqslant 8$）的矩阵表示. Marchuk[36]从 Clifford 代数的基元入手去构造二阶 Clifford 代数，而后构造出实数域与复数域上的 Clifford 代数的一阶与二阶 Clifford 代数的张量积. 我们根据八周期理论给出了实 Clifford 代数 $C\ell_{p,q}$的张量积的统一表达式[37]，并同时给出了张量积形式下的矩阵表示.

Clifford 代数可以通过实矩阵、复矩阵、四元数矩阵表示[3,38,39]，并且 Clifford 代数的任意不可约的实矩阵表示属于下面三种类型[40-42]：

（1）当 $p-q\equiv 0$，1，2（mod 8）时，为正则矩阵表示；

（2）当 $p-q\equiv 3$，7（mod 8）时，为殆复矩阵表示；

（3）当 $p-q\equiv 4$，5，6（mod 8）时，为四元数矩阵表示.

Hile 和 Lounesto[43]通过基元同构对应下的矩阵刻画了实数域与复数域上的 Clifford 代数的矩阵表示，但是他们没有给出基元对应的具体矩阵，而是给出了这些矩阵满足的性质. 田永革[44]把特殊矩阵嵌入一个二阶分块矩阵构造出八元数的矩阵表示. 曹文胜[45,46]采用了类似于田永革的构造方法，给出了实 Clifford 代数 $C\ell_{0,3}$的两个忠实的矩阵表示. Lee 和 Song 也利用把特殊矩阵嵌入一个二阶分块矩

阵的方法构造出 $C\ell_{0,3}$，$C\ell_{0,n}$ 以及某些 $C\ell_{p,q}$ 的忠实的实矩阵表示[47-51]. 我们讨论了实 Clifford 代数的矩阵表示，并且采用了 Hile 和 Lounesto[43]的方法给出了实 Clifford 代数 $C\ell_{p,q}$（$p+q=3$）的矩阵表示.

Clifford 代数中一些元素组成的群也是 Clifford 代数研究的一个重要课题，被广泛应用到物理等领域中. Clifford 代数的子群包括单位群、Clifford 群、扭群、旋群等，其中单位群、Clifford 群、扭群、旋群是逐个包含的关系. 它们是研究物理学的基本工具，同时也是研究数学的重要工具. 单位群、Clifford 群在量子信息理论、量子计算与量子误差修正等的研究中起着非常重要的作用[52]. 扭群、旋群在理论物理学、微分几何学等的研究中也有深刻而广泛的应用[53-56]. 我们在参考文献［37，57］的基础上研究了实 Clifford 代数的单位群和 Clifford 群.

量子信息学是量子物理与信息科学交叉的新生学科，是量子论和信息论相结合的新研究领域，量子计算在特定算法上的效率比现有计算机快一亿倍. 与传统通信方式相比，量子通信是唯一绝对安全的通信方式. 量子通信是指利用量子纠缠效应进行信息传递的一种新型的通信方式，是近二十年发展起来的新型交叉学科. 2020 年 12 月，中国量子计算机原型机“九章”问世，这台量子计算机就是应用量子态的相干性等理论研制的，我国量子通信技术已经处于世界领先的水平. 量子通信可以从根本上解决国防、金融、政务、商业等领域的信息安全问题，研究量子态的相干性有着非常重要的应用价值，而利用 Clifford 代数研究量子态相干性、量子纠缠等通信问题已经成为国际关注的热点问题.

量子相干性是量子信息学的重要内容. 相干性起源于量子叠加态，其在量子信息、量子计量学、量子光学、纳米热力学、量子生物中有着广泛而重要的应用. T. Baumgratz 等学者已经构建了相对完善的量子相干性资源理论框架. 基于这些框架，大量的量子相干性量化方法相继被提出，许多研究人员在这些量化方法的帮助下探讨了量子相干性在量子计算机、量子计量学等领域中的应用. 2021 年，我国研制的 62 比特可编程超导量子计算原型机“祖冲之号”成功问世，这台计算机就是利用了量子相干性等理论制造而成的. 最近的研究表明，量子相干性也可以用来判别一些模型的量子相变.

1.1 实 Clifford 代数预备知识

1.1.1 实 Clifford 代数的概念与运算

本小节给出一些基础知识，包括 Clifford 代数的定义、运算、结构. 关于 Clifford 代数的基础知识可参阅参考文献 [3]，代数学的基础知识可参阅参考文献 [58]，代数表示的基础知识可参阅参考文献 [59].

出于不同的目的，数学家及物理学家给出了 Clifford 代数的几个定义. 首先，我们介绍 Clifford 代数的原始定义.

定义 1.1[3] 线性空间 $\mathbb{R}^n$ 的 Grassmann 的外代数 $\wedge\mathbb{R}^n$ 是一个 2^n

维结合代数. 设 $\{\boldsymbol{e}_1, \boldsymbol{e}_2, \cdots, \boldsymbol{e}_n\}$ 为$\mathbb{R}^n$ 的一个基，则外代数$\wedge\mathbb{R}^n$ 的一个基为

$$\begin{aligned}
&1,\\
&\boldsymbol{e}_1,\boldsymbol{e}_2,\cdots,\boldsymbol{e}_n,\\
&\boldsymbol{e}_1\wedge\boldsymbol{e}_2,\boldsymbol{e}_1\wedge\boldsymbol{e}_3,\cdots,\boldsymbol{e}_1\wedge\boldsymbol{e}_n,\boldsymbol{e}_2\wedge\boldsymbol{e}_3,\cdots,\boldsymbol{e}_{n-1}\wedge\boldsymbol{e}_n,\\
&\cdots\cdots\\
&\boldsymbol{e}_1\wedge\boldsymbol{e}_2\wedge\cdots\wedge\boldsymbol{e}_n.
\end{aligned}$$

这个外代数有单位元 1，并满足如下乘法规则：

$$\boldsymbol{e}_i\wedge\boldsymbol{e}_j=-\boldsymbol{e}_j\wedge\boldsymbol{e}_i, i\neq j,$$

$$\boldsymbol{e}_i\wedge\boldsymbol{e}_i=0.$$

Clifford 重新定义了乘法，乘法规则如下：

$$\boldsymbol{e}_i\boldsymbol{e}_j=-\boldsymbol{e}_j\boldsymbol{e}_i, i\neq j,$$

$$\boldsymbol{e}_i\boldsymbol{e}_i=1.$$

此时 $\{\boldsymbol{e}_1, \boldsymbol{e}_2, \cdots, \boldsymbol{e}_n\}$ 为正定欧氏空间$\mathbb{R}^n$ 的一个正交基. 称这个 2^n维结合代数为 Clifford 代数 $C\ell_n$.

这个定义是 Clifford 在 1882 年给出的，早在 1878 年，Clifford 就考虑了负定空间$\mathbb{R}^{0,n}$上的 Clifford 代数 $C\ell_{0,n}$，其乘法规则如下：

$$\boldsymbol{e}_i\boldsymbol{e}_j=-\boldsymbol{e}_j\boldsymbol{e}_i, i\neq j,$$

$$\boldsymbol{e}_i\boldsymbol{e}_i=-1.$$

接下来通过生成元和关系给出 Clifford 代数的定义.

定义 1.2[3] 设 $C\ell(Q)$ 是域$\mathbb{F}$上的有 1 代数，V 是 $C\ell(Q)$ 的有限维子空间，Q 是 V 上的非退化二次型. 如果 $1\notin V$，并且

（1）$x^2 = Q(x)$，$\forall x \in V$；

（2）V 生成$\mathbb{F}$－代数 $C\ell(Q)$；

（3）$C\ell(Q)$ 不能由 V 的真子空间生成；

则称 $C\ell(Q)$ 为 Clifford 代数．

在实向量空间$\mathbb{R}^n$中，定义$\mathbb{R}^n$的数量积为

$$\boldsymbol{x}\cdot\boldsymbol{y} = x_1y_1 + \cdots + x_py_p - x_{p+1}y_{p+1} - \cdots - x_{p+q}y_{p+q},\ p+q=n.$$

这个数量积可诱导出$\mathbb{R}^n$上的一个实非退化二次型，记为 Q，即

$$Q(\boldsymbol{x}) = \boldsymbol{x}\cdot\boldsymbol{x} = x_1^2 + \cdots + x_p^2 - x_{p+1}^2 - \cdots - x_{p+q}^2.$$

带有这种二次型的实向量空间$\mathbb{R}^n$记为$\mathbb{R}^{p,q}$.

在定义 1.2 中，取$\mathbb{F}$为实数域$\mathbb{R}$，二次空间 V 取成$\mathbb{R}^{p,q}$，则相应的 Clifford 代数 $C\ell(Q)$ 称为实 Clifford 代数，记为 $C\ell_{p,q}$. 进一步，取$\mathbb{R}^{p,q}$的一个规范正交基 $\{\boldsymbol{e}_1, \boldsymbol{e}_2, \cdots, \boldsymbol{e}_{p+q}\}$．由于 $\boldsymbol{x}^2 = \boldsymbol{x}\cdot\boldsymbol{x}$，$\boldsymbol{xy}+\boldsymbol{yx} = 2\boldsymbol{x}\cdot\boldsymbol{y}$，所以有

$$\begin{cases} \boldsymbol{e}_i^2 = 1, & 1\leqslant i\leqslant p, \\ \boldsymbol{e}_i^2 = -1, & p < i\leqslant p+q, \\ \boldsymbol{e}_i\boldsymbol{e}_j = -\boldsymbol{e}_j\boldsymbol{e}_i, & i\neq j. \end{cases} \tag{1.1}$$

因此

$$\begin{aligned} &1, \\ &\boldsymbol{e}_1, \boldsymbol{e}_2, \cdots, \boldsymbol{e}_{p+q}, \\ &\boldsymbol{e}_1\boldsymbol{e}_2, \boldsymbol{e}_1\boldsymbol{e}_3, \cdots, \boldsymbol{e}_1\boldsymbol{e}_{p+q}, \boldsymbol{e}_2\boldsymbol{e}_3, \cdots, \boldsymbol{e}_2\boldsymbol{e}_{p+q}, \cdots, \boldsymbol{e}_{p+q-1}\boldsymbol{e}_{p+q}, \\ &\cdots\cdots \\ &\boldsymbol{e}_1\boldsymbol{e}_2\cdots\boldsymbol{e}_{p+q} \end{aligned} \tag{1.2}$$

组成了实 Clifford 代数 $C\ell_{p,q}$的一个基．其中，Clifford 积 $\boldsymbol{e}_{s_1}\boldsymbol{e}_{s_2}\cdots\boldsymbol{e}_{s_k}$称为 k - 向量，简记为$\boldsymbol{e}_{s_1s_2\cdots s_k}$. 规定$\boldsymbol{e}_0=1$. 特别地，$\boldsymbol{e}_{12\cdots(p+q)}$称为单位伪标量，简记为 $\boldsymbol{\omega}$.

实 Clifford 代数 $C\ell_{p,q}$的基（1.2）中，全体 k - 向量的个数为 C_n^k，$n=p+q$，这些向量张成 $C\ell_{p,q}$的线性子空间记为 $\langle C\ell_{p,q}\rangle_k$. 特别地，$\langle C\ell_{p,q}\rangle_0$是 $C\ell_{p,q}$的一维子空间，$\langle C\ell_{p,q}\rangle_1$是 $C\ell_{p,q}$的 $p+q$ 维子空间，被视为与$\mathbb{R}^{p,q}$等同，$\langle C\ell_{p,q}\rangle_{p+q}$是一维子空间．由定义有

$$C\ell_{p,q}=\sum_{k=0}^{p+q}\langle C\ell_{p,q}\rangle_k=\langle C\ell_{p,q}\rangle_0\oplus\langle C\ell_{p,q}\rangle_1\oplus\cdots\oplus\langle C\ell_{p,q}\rangle_{p+q}.$$

令 $C\ell_{p,q}$的偶部为

$$C\ell_{p,q}^{+}=\sum_{k\ \text{even}}\langle C\ell_{p,q}\rangle_k,$$

$C\ell_{p,q}$的奇部为

$$C\ell_{p,q}^{-}=\sum_{k\ \text{odd}}\langle C\ell_{p,q}\rangle_k,$$

则有

$$C\ell_{p,q}=C\ell_{p,q}^{+}\oplus C\ell_{p,q}^{-},$$

且

$$\begin{cases}C\ell_{p,q}^{+}C\ell_{p,q}^{+}\subseteq C\ell_{p,q}^{+},\\ C\ell_{p,q}^{+}C\ell_{p,q}^{-}\subseteq C\ell_{p,q}^{-},\\ C\ell_{p,q}^{-}C\ell_{p,q}^{+}\subseteq C\ell_{p,q}^{-},\\ C\ell_{p,q}^{-}C\ell_{p,q}^{-}\subseteq C\ell_{p,q}^{+}.\end{cases}$$

易知，$C\ell_{p,q}$的偶部 $C\ell_{p,q}^{+}$为 $C\ell_{p,q}$的子代数，有时也称 $C\ell_{p,q}^{+}$为 $C\ell_{p,q}$的偶子代数．

对于任意

$$\boldsymbol{a}=a_0+a_1\boldsymbol{e}_1+\cdots+a_{12\cdots(p+q)}\boldsymbol{e}_{12\cdots(p+q)}\in C\ell_{p,q},$$

设 $\boldsymbol{a}$ 的 k - 向量部为 $\boldsymbol{a}$ 中 k - 向量线性组合部分，记为 $\langle\boldsymbol{a}\rangle_k$，则 $\boldsymbol{a}$ 能够被唯一地表示成 k - 向量部的和，即

$$\boldsymbol{a}=\sum_{k=0}^{p+q}\langle\boldsymbol{a}\rangle_k.$$

对于任意 $\boldsymbol{v}$，$\boldsymbol{w}\in\langle C\ell_{p,q}\rangle_1$，可以将其乘积 $\boldsymbol{vw}$ 分解成一个对称部分和一个反对称部分的和，即

$$\boldsymbol{vw}=\frac{1}{2}(\boldsymbol{vw}+\boldsymbol{wv})+\frac{1}{2}(\boldsymbol{vw}-\boldsymbol{wv})=\boldsymbol{v}\cdot\boldsymbol{w}+\boldsymbol{v}\wedge\boldsymbol{w}=\langle\boldsymbol{vw}\rangle_0+\langle\boldsymbol{vw}\rangle_2,$$

其中对称部分 $\boldsymbol{v}\cdot\boldsymbol{w}=\frac{1}{2}(\boldsymbol{vw}+\boldsymbol{wv})=\langle\boldsymbol{vw}\rangle_0$ 是一个标量，称为内积. 反对称部分 $\boldsymbol{v}\wedge\boldsymbol{w}=\frac{1}{2}(\boldsymbol{vw}-\boldsymbol{wv})=\langle\boldsymbol{vw}\rangle_2$ 为一个 2 - 向量，称为外积. 特别地，对于空间 $C\ell_{p,q}$的基向量，有

$$\boldsymbol{e}_i\boldsymbol{e}_j=\boldsymbol{e}_i\wedge\boldsymbol{e}_j,i\neq j,$$

$$\boldsymbol{e}_i^2=\boldsymbol{e}_i\cdot\boldsymbol{e}_i.$$

更一般地，对于任意 $\boldsymbol{v}^{(r)}\in\langle C\ell_{p,q}\rangle_r$，$\boldsymbol{w}^{(s)}\in\langle C\ell_{p,q}\rangle_s$，它们的内积 $\boldsymbol{v}^{(r)}\cdot\boldsymbol{w}^{(s)}$和外积 $\boldsymbol{v}^{(r)}\wedge\boldsymbol{w}^{(s)}$分别为

$$\boldsymbol{v}^{(r)}\cdot\boldsymbol{w}^{(s)}=\begin{cases}\langle\boldsymbol{v}^{(r)}\boldsymbol{w}^{(s)}\rangle_{|r-s|},rs>0,\\0,rs=0,\end{cases}$$

和

$$\boldsymbol{v}^{(r)}\wedge\boldsymbol{w}^{(s)}=\langle\boldsymbol{v}^{(r)}\boldsymbol{w}^{(s)}\rangle_{r+s}.$$

于是，对于任意

$$\boldsymbol{a} = \sum_{k=0}^{p+q} \langle \boldsymbol{a} \rangle_k, \boldsymbol{b} = \sum_{l=0}^{p+q} \langle \boldsymbol{b} \rangle_l \in C\ell_{p,q},$$

可以得到

$$\boldsymbol{a} \cdot \boldsymbol{b} = \sum_{k,l} \langle \boldsymbol{a} \rangle_k \cdot \langle \boldsymbol{b} \rangle_l,$$

$$\boldsymbol{a} \wedge \boldsymbol{b} = \sum_{k,l} \langle \boldsymbol{a} \rangle_k \wedge \langle \boldsymbol{b} \rangle_l.$$

对于 $C\ell_{p,q}$的任意基元 $\boldsymbol{e}_{s_1 s_2 \cdots s_k}$，定义它的分次对合为

$$\hat{\boldsymbol{e}}_{s_1 s_2 \cdots s_k} = (-1)^k \boldsymbol{e}_{s_1 s_2 \cdots s_k},$$

$\boldsymbol{e}_{s_1 s_2 \cdots s_k}$的反演为

$$\widetilde{\boldsymbol{e}}_{s_1 s_2 \cdots s_k} = (-1)^{\frac{k(k-1)}{2}} \boldsymbol{e}_{s_1 s_2 \cdots s_k}.$$

更一般地，对于任意

$$\boldsymbol{a} = \langle \boldsymbol{a} \rangle_0 + \langle \boldsymbol{a} \rangle_1 + \cdots + \langle \boldsymbol{a} \rangle_{p+q} = \sum_{k=0}^{p+q} \langle \boldsymbol{a} \rangle_k,$$

其中 $\langle \boldsymbol{a} \rangle_k$ $(k=0, \cdots, p+q)$ 称为 $\boldsymbol{a}$ 的 k－次向量部．定义

$$\hat{\boldsymbol{a}} = \sum_{k=0}^{p+q} (-1)^k \langle \boldsymbol{a} \rangle_k,$$

$$\widetilde{\boldsymbol{a}} = \sum_{k=0}^{p+q} (-1)^{\frac{k(k-1)}{2}} \langle \boldsymbol{a} \rangle_k.$$

并且，对于任意 $\boldsymbol{a}$，$\boldsymbol{b} \in C\ell_{p,q}$，$\lambda \in \mathbb{R}$，有下列运算规则：

$$(\lambda \boldsymbol{a} + \boldsymbol{b})^{\wedge} = \lambda \hat{\boldsymbol{a}} + \hat{\boldsymbol{b}}, \ (\boldsymbol{ab})^{\wedge} = \hat{\boldsymbol{a}} \hat{\boldsymbol{b}}, \ \hat{\hat{\boldsymbol{a}}} = \boldsymbol{a},$$

$$(\lambda \boldsymbol{a} + \boldsymbol{b})^{\sim} = \lambda \widetilde{\boldsymbol{a}} + \widetilde{\boldsymbol{b}}, \ (\boldsymbol{ab})^{\sim} = \widetilde{\boldsymbol{b}} \widetilde{\boldsymbol{a}}, \ \widetilde{\widetilde{\boldsymbol{a}}} = \boldsymbol{a}.$$

易知，分次对合和反演是可交换的．定义 $\boldsymbol{a}$ 的 Clifford－共轭为 $\bar{\boldsymbol{a}} = \hat{\widetilde{\boldsymbol{a}}}$，即

$$\bar{\boldsymbol{a}} = \sum_{k=0}^{p+q} (-1)^{\frac{k(k+1)}{2}} \langle \boldsymbol{a} \rangle_k.$$

因此有

$$(\lambda \boldsymbol{a}+\boldsymbol{b})^{-}=\lambda \overline{\boldsymbol{a}}+\overline{\boldsymbol{b}},\ (\boldsymbol{ab})^{-}=\overline{\boldsymbol{b}}\,\overline{\boldsymbol{a}},\ \overline{\overline{\boldsymbol{a}}}=\boldsymbol{a}.$$

1.1.2 实 Clifford 代数的结构

为了介绍实 Clifford 代数的矩阵表示与周期性，首先介绍矩阵表示与张量积的知识.

设 $GL_n(\mathbb{F})$ 表示$\mathbb{F}$上的 n 阶一般线性群，即 n 阶可逆矩阵构成的群.

定义 1.3 设 G 是任一群，φ: $G\to GL_n(\mathbb{F})$ 是群同态，则称 φ 的像 $\mathrm{Im}(\varphi)$ 是 G 的一个矩阵表示.

定义 1.4[59] 设 A 是有限维$\mathbb{F}$－代数，V 是有限维$\mathbb{F}$－向量空间. 如果存在$\mathbb{F}$－代数同态 ρ: $A\to \mathrm{End}_{\mathbb{F}}(V)$，则称（$V$，$\rho$）是 A 的一个$\mathbb{F}$－表示. A 的两个$\mathbb{F}$－表示（M，ρ）与（N，η）称为等价的，如果存在$\mathbb{F}$－线性同构f: $M\to N$使得$f\rho(a)=\eta(a)f$，$\forall a\in A$. 此时，对于任意 $a\in A$，$\rho(a)$ 在 M 的一个基 B 下的矩阵与 $\eta(a)$ 在 N 的基 $f(B)$ 下的矩阵相等.

等价的表示可视为同一表示.

定义 1.5 设 $\mathrm{Mat}(n,\mathbb{F})$ 表示$\mathbb{F}$上的 n 阶矩阵代数，则一个代数同态

$$\varphi: A\to \mathrm{Mat}(n,\mathbb{F})$$

就是 A 的一个$\mathbb{F}$表示，我们称 $\mathrm{Im}(\varphi)$ 是 A 的一个$\mathbb{F}$－矩阵表示.

假设 $\mathrm{Im}(\varphi)$ 是群的矩阵表示或代数的矩阵表示，如果 φ 是单的，那么称这个矩阵表示是忠实的.

定义 1.6[58]　设 B，C 是域 K 上的有限维代数 A 的两个子代数，A 是有 1 的可结合代数，并且满足下面三条：

（1）$cb = bc$，$\forall b \in B$，$c \in C$；

（2）A 是由 B，C 生成的代数；

（3）$\dim A = \dim B \dim C$；

则称 A 是域 K 上的张量积 $B \otimes_K C$，当域 K 没有异议时，可以简写成 $B \otimes C$.

定理 1.1[58]　设 B，C 是同一数域上的两个代数，则

$$B \otimes C = C \otimes B,$$
$$(A \otimes B) \otimes C = A \otimes (B \otimes C).$$

设 F_m 表示域 F 上的 m 阶全矩阵代数．对于 $A = (a_{ij}) \in F_m$，$B = (b_{ij}) \in F_n$，

记

$$A \otimes B = \begin{pmatrix} Ab_{11} & Ab_{12} & \cdots & Ab_{1n} \\ Ab_{21} & Ab_{22} & \cdots & Ab_{2n} \\ \vdots & \vdots & & \vdots \\ Ab_{n1} & Ab_{n2} & \cdots & Ab_{nn} \end{pmatrix} \tag{1.3}$$

或

$$A \otimes B = \begin{pmatrix} a_{11}B & a_{12}B & \cdots & a_{1m}B \\ a_{21}B & a_{22}B & \cdots & a_{2m}B \\ \vdots & \vdots & & \vdots \\ a_{m1}B & a_{m2}B & \cdots & a_{mm}B \end{pmatrix}. \tag{1.4}$$

并且有

定理 1.2[58] $F_m \otimes F_n = F_{m \cdot n}$.

定理 1.3[58] F 上可除代数 D 与 F 上全矩阵代数 F_n之张量积是单代数.

代数的结构和它的表示之间存在一种紧密的联系. Clifford 代数都同构于适当的矩阵代数. 下面我们来了解一些实 Clifford 代数的矩阵表示及周期性.

$$C\ell_{0,1} \simeq \mathbb{C} ,$$

$$C\ell_{1,0} \simeq H \simeq \mathbb{R} \oplus \mathbb{R} ,$$

$$C\ell_{1,1} \simeq C\ell_2 \simeq \mathrm{Mat}(2, \mathbb{R}) ,$$

$$C\ell_{0,2} \simeq \mathbb{H} ,$$

$$C\ell_{0,3} \simeq \mathbb{H} \oplus \mathbb{H} ,$$

$$C\ell_{p+1,q+1} \simeq C\ell_{p,q} \otimes C\ell_{1,1} \simeq \mathrm{Mat}(2, C\ell_{p,q}) ,$$

$$C\ell_{p,q} \simeq C\ell_{q+1,p-1}, \quad p \geqslant 1 ,$$

$$C\ell_{0,n+2} \simeq C\ell_{n,0} \otimes C\ell_{0,2}.$$

实 Clifford 代数有如下的八周期性[3]:

$$C\ell_{p,q} \simeq C\ell_{p-4,q+4}, \quad p \geqslant 4 ,$$

$$C\ell_{p+8,q} \simeq \mathrm{Mat}(16, C\ell_{p,q}).$$

根据八周期性和已知的较简单的低阶实 Clifford 代数的矩阵表示，可以推出任意阶实 Clifford 代数的矩阵表示.

令 $C\ell_{p,q}^*$表示实 Clifford 代数 $C\ell_{p,q}$的可逆元的乘法群，即单位群.

定义 1.7[3] 下面的集合是 $C\ell_{p,q}^*$的子群，称为 Clifford 群.

$$\Gamma_{p,q} = \{ \boldsymbol{s} \in C\ell_{p,q} \mid \forall \boldsymbol{x} \in \mathbb{R}^{p,q}, \ \boldsymbol{s}\boldsymbol{x}\hat{\boldsymbol{s}}^{-1} \in \mathbb{R}^{p,q} \} .$$

显然，$\Gamma_{p,q} = \{\boldsymbol{s} \in C\ell_{p,q}^{+} \cup C\ell_{p,q}^{-} \mid \forall \boldsymbol{x} \in \mathbb{R}^{p,q},\ \boldsymbol{sxs}^{-1} \in \mathbb{R}^{p,q}\}$.

Clifford 群 $\Gamma_{p,q}$是 Lipschitz 在 1880—1886 年引入的，也叫作 Lipschitz 群 .

令

$$\mathrm{Pin}(p,q) = \{\boldsymbol{s} \in \Gamma_{p,q} \mid \boldsymbol{s}\tilde{\boldsymbol{s}} = \pm 1\},$$

则 Pin(p，q）是 Clifford 群 $\Gamma_{p,q}$的一个正规子群，称为扭群（Pin 群）. 扭群 Pin(p，q）有一个偶子群

$$\mathrm{Spin}(p,q) = \mathrm{Pin}(p,q) \cap C\ell_{p,q}^{+},$$

称为旋群（Spin 群）. 旋群 Spin(p，q）有一个子群

$$\mathrm{Spin}_{+}(p,q) = \{\boldsymbol{s} \in \mathrm{Spin}(p,q) \mid \boldsymbol{s}\tilde{\boldsymbol{s}} = 1\}.$$

易知

$$\mathrm{Spin}_{+}(1,1) = \{x + y\boldsymbol{e}_{12} \mid x,y \in \mathbb{R}, x^2 - y^2 = 1\},$$

$$\mathrm{Spin}(1,1) = \{x + y\boldsymbol{e}_{12} \mid x,y \in \mathbb{R}, x^2 - y^2 = \pm 1\}.$$

单位群、Clifford 群、扭群与旋群为粒子物理学的基本工具，同时也是一类重要的数学工具 . Clifford 代数及旋量理论在现代物理及数学中起着非常重要的作用 .

1.2 量子通信预备知识

1.2.1 量子力学相关知识

量子比特可以看作最基本的量子力学系统 . 量子比特的状态可能为$|0\rangle$ 或$|1\rangle$，也可能落在$|0\rangle$ 和$|1\rangle$ 之外，是两个状态的

线性组合（叠加态）. 如果量子比特的状态表示为$|\varphi\rangle=\alpha|0\rangle+\beta|1\rangle$，其中$\alpha$和$\beta$是复数，$|\alpha|^2+|\beta|^2=1$.

例如，原子的电子可以处于两种状态，一种状态称为基态，另一种状态称为激发态，分别记为$|0\rangle$和$|1\rangle$. 当原子被光照射时，如果该原子接收了合适的能量，并且照射的时间足够长，电子能够在$|0\rangle$和$|1\rangle$两种状态之间移动. 更特别地，缩短光照时间，处于$|0\rangle$状态的电子可以迁移到$|0\rangle$状态和$|1\rangle$状态的中途，这种状态称为叠加态，记作$|+\rangle$.

对于一对量子比特，可能处于四种可能状态，记作$|00\rangle$，$|01\rangle$，$|10\rangle$，$|11\rangle$，也可能处于这四种状态的叠加态，可以表示为$|\phi\rangle=a_{00}|00\rangle+a_{01}|01\rangle+a_{10}|10\rangle+a_{11}|11\rangle$，其中$\sum_{x\in\{0,1\}^2}|a_x|^2=1$. 当然，对于双量子比特状态，可以只测量其中一个量子比特所处的状态. 例如，只测量第一个量子比特所处的状态，得到0的概率是$|a_{00}|^2+|a_{01}|^2$，因此测量后的量子比特状态是$|\varphi'\rangle=\dfrac{a_{00}|00\rangle+a_{01}|01\rangle}{\sqrt{|a_{00}|^2+|a_{01}|^2}}$.

内积是向量空间上的二元复函数，向量$|v\rangle$与向量$|w\rangle$的内积是一个复数，记作$\langle v|w\rangle$. 符号$\langle v|$表示向量$|v\rangle$的对偶. 若向量$|v\rangle$与$|w\rangle$的内积是0，则称$|v\rangle$与$|w\rangle$是正交的. 定义向量$|v\rangle$的范数为

$$\||v\rangle\|\equiv\sqrt{\langle v|v\rangle}.$$

若$\||v\rangle\|=1$，称向量$|v\rangle$为单位向量.

定义 1.8 设 A 是向量空间中的一个线性算子，$|v\rangle$ 是向量空间中的一个非零向量，如果有一个复数 λ，使得 $A|v\rangle=\lambda|v\rangle$，称 $|v\rangle$ 是线性算子 A 的特征向量，λ 称为线性算子 A 对应于特征向量 $|v\rangle$ 的特征值.

线性算子 A 的特征函数定义为 $c(\lambda)\equiv\det|A-\lambda I|$，其中 det 是矩阵的行列式. 经过证明能够得到特征函数只依赖于算子 A 本身，而与 A 的特定矩阵表示无关，特征方程 $c(\lambda)=0$ 的根为线性算子 A 的特征值. 根据代数基本定理，每个复系数多项式至少有一个复根，于是得知每个线性算子 A 至少有一个特征值和一个对应的特征向量.

定义 1.9 若算子 A 的共轭转置仍是 A，则称算子 A 是 Hermite 的或自伴的. 若 $AA^{\dagger}=A^{\dagger}A$，则称算子 A 为正规的.

定义 1.10 如果算子 U 满足 $U^{\dagger}U=I$，称 U 是酉的.

易知，Hermite 算子是正规的，酉算子是正规的. 关于正规算子有一个非常有名的谱分解定理.

引理 1.1 向量空间 V 上的任意正规算子 M，在 V 的某个标准正交基下可对角化. 反之，任意可对角化的算子都是正规的.

定义 1.11 对于算子 A，如果对任意向量 $|v\rangle$，都有 $\langle v|A|v\rangle$ 是非负实数，称 A 为半正定算子. 当 $|v\rangle\neq0$ 时，$\langle v|A|v\rangle$ 都严格大于零，称 A 为正定的.

半正定算子是 Hermite 算子的一个极重要的子类.

定义 1.12 对于一个方阵 A 来说，主对角线上元素的和称为矩阵 A 的迹，记为 $\mathrm{tr}(A)$.

注 1.1 (1) $\mathrm{tr}(A+B)=\mathrm{tr}(A)+\mathrm{tr}(B)$;

(2) $\mathrm{tr}(zA)=z\mathrm{tr}(A)$,其中 z 是复数;

(3) $\mathrm{tr}(AB)=\mathrm{tr}(BA)$;

(4) $\mathrm{tr}(UAU^{\dagger})=\mathrm{tr}(A)$,$U$ 是酉矩阵.

设 V 与 W 是希尔伯特空间,V 是 m 维向量空间,W 是 n 维向量空间,则$V\otimes W$(读作"V 张量 W")为 mn 维向量空间.$V\otimes W$ 的元素是 V 的元素 $|v\rangle$ 和 W 的元素 $|w\rangle$ 的张量积 $|v\rangle\otimes|w\rangle$ 的线性组合.事实上,若 $|i\rangle$ 与 $|j\rangle$ 分别为 V 和 W 的基,则 $|i\rangle\otimes|j\rangle$ 为 $V\otimes W$ 的一个基,常用缩写符号 $|v\rangle|w\rangle$,$|v\rangle$,$|w\rangle$ 或 $|v\rangle w\rangle$ 表示张量积 $|v\rangle\otimes|w\rangle$.

引理 1.2 张量积满足如下的基本性质:

(1) $z(|v\rangle\otimes|w\rangle)=z|v\rangle\otimes|w\rangle=|v\rangle\otimes z|w\rangle$,其中 z 为任意标量,$|v\rangle$,$|w\rangle$ 分别为 V 与 W 中的任意元素.

(2) $(|v_1\rangle+|v_2\rangle)\otimes|w\rangle=|v_1\rangle\otimes|w\rangle+|v_2\rangle\otimes|w\rangle$,其中 $|v_1\rangle$,$|v_2\rangle$ 为 V 中的任意两个元素,$|w\rangle$ 为 W 中的任意元素.

(3) $|v\rangle\otimes(|w_1\rangle+|w_2\rangle)=|v\rangle\otimes|w_1\rangle+|v\rangle\otimes|w_2\rangle$,其中 $|w_1\rangle$,$|w_2\rangle$ 为 W 中的任意两个元素,$|v\rangle$ 为 V 中的任意元素.

定义 1.13 设 A 与 B 分别为向量空间 V 与 W 中的线性算子,$|v\rangle$ 与 $|w\rangle$ 分别为向量空间 V 与 W 中的向量,定义

$$(A\otimes B)(|v\rangle\otimes|w\rangle)\equiv A|v\rangle\otimes B|w\rangle,$$

$$(A \otimes B)\left(\sum_i a_i |v_i\rangle \otimes |w_i\rangle\right) \equiv \sum_i a_i A|v_i\rangle \otimes B|w_i\rangle,$$

称 $A\otimes B$ 是向量空间 $V\otimes W$ 的线性算子.

密度算子或者密度矩阵是描述量子力学的另一个工具，它为描述状态不完全已知的量子系统提供了一个简捷的途径.

定义 1.14 设量子系统以概率 p_i 处在一组状态 $|\psi_i\rangle$ 的某一个，其中 i 是一个指标，则称 $\{p_i, |\psi_i\rangle\}$ 为一个纯态的系综，系统的密度算子定义为

$$\rho \equiv \sum_i p_i |\psi_i\rangle\langle\psi_i|.$$

量子系统有精确的已知状态，称这样的量子系统处于纯态；量子系统是系综中不同纯态的混合，称这样的量子系统处于混合态.

注 1.2 密度算子常被称作密度矩阵.

引理 1.3 设 ρ 是与某个系综 $\{p_i, |\psi_i\rangle\}$ 相关联的密度算子，当且仅当它满足如下条件：

(1) ρ 的迹等于 1；

(2) ρ 是一个半正定算子.

引理 1.4 设 ρ 是一个密度算子，当且仅当 $\mathrm{tr}(\rho^2)=1$ 时，密度算子 ρ 是纯态；当且仅当 $\mathrm{tr}(\rho^2)<1$ 时，密度算子 ρ 是混合态.

注 1.3 密度矩阵的特征值和特征向量是不能确定密度矩阵所表示的量子状态系综的.

例如，具有密度矩阵

$$\rho = 3/4|0\rangle\langle 0| + 1/4|1\rangle\langle 1|$$

的量子系统未必一定以 3/4 概率处于状态 $|0\rangle$，而以 1/4 概率处于

状态$|1\rangle$. 因为如果令

$$|a\rangle=\sqrt{\frac{3}{4}}|0\rangle+\sqrt{\frac{1}{4}}|1\rangle,$$

$$|b\rangle=\sqrt{\frac{3}{4}}|0\rangle-\sqrt{\frac{1}{4}}|1\rangle,$$

并且令量子系统处于状态$|a\rangle$的概率为$\frac{1}{2}$，处于状态$|b\rangle$的概率为$\frac{1}{2}$，易知

$$\rho=1/2|a\rangle\langle a|+1/2|b\rangle\langle b|=3/4|0\rangle\langle 0|+1/4|1\rangle\langle 1|.$$

从这个结果可以看出，两个不同的量子状态系统可产生相同的密度矩阵. 于是能够得到，密度矩阵的特征值和特征向量只表示可能产生密度矩阵的许多系统中的一个.

引理 1.5 两个向量组$|\tilde{\psi}_i\rangle$与$|\tilde{\varphi}_j\rangle$生成相同的密度矩阵，当且仅当$|\tilde{\psi}_i\rangle=\sum_j u_{ij}|\tilde{\varphi}_j\rangle$，其中$u_{ij}$是具有指标$i$与$j$的复酉矩阵.

接下来介绍量子力学的四条假设.

假设 1 任意孤立物理系统都有一个称为系统状态空间的复内积向量空间（即希尔伯特空间）与之相联系，系统完全由状态向量所描述，这个向量是系统状态空间的一个单位向量.

假设 1′ 任意孤立物理系统与称之为该系统的状态空间相关联，它是一个带内积的复向量空间（即希尔伯特空间）. 系统由作用在状态空间上的密度算子完全描述，密度算子是一个半正定迹为1的算子ρ. 如果量子系统以概率p_i处于状态ρ_i，则系统的密度算子为$\sum_i p_i\rho_i$.

假设 2 一个封闭量子系统的演化可以由一个酉变换来刻画．即系统在时刻 t_1 的状态 $|\varphi\rangle$ 和系统在时刻 t_2 的状态 $|\varphi'\rangle$，可以通过一个仅依赖于时间 t_1 和 t_2 的酉算子 U 相联系，即

$$|\varphi'\rangle = U|\varphi\rangle .$$

假设 2′ 封闭量子系统的演化由一个酉变换描述，即系统在时刻 t_1 的状态 ρ 和在时刻 t_2 的状态 ρ' 由一个仅依赖于时间 t_1 和 t_2 的酉算子 U 相联系，即

$$\rho' = U\rho U^{\dagger}.$$

假设 3 量子测量由一组测量算子 $\{M_m\}$ 描述，这些算子作用在所测量的状态空间上，指标 m 指实验中可能出现的测量结果．若在测量前，量子系统的最新状态是 $|\varphi\rangle$，则结果 m 发生的可能性由

$$p(m) = \langle\varphi|M_m^{\dagger}M_m|\varphi\rangle$$

给出，且测量后系统的状态为

$$\frac{M_m|\varphi\rangle}{\sqrt{\langle\varphi|M_m^{\dagger}M_m|\varphi\rangle}}.$$

测量算子满足完备性方程

$$\sum_m M_m^{\dagger}M_m = I.$$

完备性方程表达了概率之和为 1 的事实，即

$$1 = \sum_m p(m) = \sum_m \langle\varphi|M_m^{\dagger}M_m|\varphi\rangle .$$

例如，如果被测量系统是单量子比特，它的测量算子有两个，分别是 $M_0 = |0\rangle\langle 0|$ 和 $M_1 = |1\rangle\langle 1|$，易知 M_0，M_1 是 Hermite 的，且有 $M_0^2 = M_0$，$M_1^2 = M_1$，于是得到 $I = M_0^{\dagger}M_0 + M_1^{\dagger}M_0 = M_0 + M_1$，

满足完备性关系．假设测量前的最新状态为 $\varphi = a|0\rangle + b|1\rangle$，那么测量后的状态分别为

$$\frac{M_0|\varphi\rangle}{|a|} = \frac{a}{|a|}|0\rangle, \frac{M_1|\varphi\rangle}{|b|} = \frac{b}{|b|}|1\rangle.$$

测量后获得 $|0\rangle$ 的概率为 $p(0) = \langle\varphi|M_0^\dagger M_0|\varphi\rangle = \langle\varphi|M_0|\varphi\rangle = |a|^2$，类似地，可以得到获得 $|1\rangle$ 的概率为 $p(1) = |b|^2$.

假设 3′ 量子测量由一组测量算子 $\{M_m\}$ 描述，这些算子作用在所测量的状态空间上，指标 m 指实验中可能出现的测量结果．如果量子系统在测量前的最后状态是 ρ，则得到结果 m 的概率由

$$p(m) = \mathrm{tr}(M_m^\dagger M_m \rho)$$

给出，且测量后的系统状态为

$$\frac{M_m \rho M_m^\dagger}{\mathrm{tr}(M_m^\dagger M_m \rho)}.$$

测量算子满足完备性方程

$$\sum_m M_m^\dagger M_m = I.$$

假设 4 复合物理系统的状态空间是分物理系统状态空间的张量积，若将分物理系统编号为 1 到 n，系统 i 的状态被设为 $|\varphi_i\rangle$，则整个系统的总状态为 $|\varphi_1\rangle \otimes \cdots \otimes |\varphi_n\rangle$.

假设 4′ 复合物理系统的状态空间是分物理系统状态空间的张量积，而且如果有系统 1 到 n，其中系统 i 处于状态 ρ_i，则全系统的共同状态是 $\rho_1 \otimes \rho_2 \otimes \cdots \otimes \rho_n$.

例如，2 比特贝尔对角态被表示成

$$\rho^{ab} = \frac{1}{4}\left(I \otimes I + \sum_{i=1}^{3} c_i \sigma_i \otimes \sigma_i\right). \tag{1.5}$$

任意一个 2 比特态 ρ 经过一个适当的局部酉变换都可以写成

$$\rho = \frac{1}{4}(I \otimes I + \boldsymbol{R} \cdot \sigma \otimes I + I \otimes \boldsymbol{S} \cdot \sigma + \sum_{i=1}^{3} c_i \sigma_i \otimes \sigma_i), \tag{1.6}$$

其中 $\boldsymbol{R}$ 与 $\boldsymbol{S}$ 是 Bloch 向量，$\{\sigma_i\}_{i=1}^{3}$是标准的 Pauli 矩阵．当 $\boldsymbol{R}=\boldsymbol{S}=\boldsymbol{0}$ 时，ρ 变为 2 比特贝尔对角态．如果假设 $\boldsymbol{R}=(0, 0, r)$，量子态变成如下形式：

$$\rho = \frac{1}{4}\begin{pmatrix} 1+r+s+c_3 & 0 & 0 & c_1-c_2 \\ 0 & 1+r-s-c_3 & c_1+c_2 & 0 \\ 0 & c_1+c_2 & 1-r+s-c_3 & 0 \\ c_1-c_2 & 0 & 0 & 1-r-s+c_3 \end{pmatrix}. \tag{1.7}$$

1.2.2 量子相干性

相干性起源于量子叠加态，T. Baumgratz 等学者已经构建了相对完善的量子相干性资源理论框架．基于这些框架，大量的量子相干性量化方法相继被提出，许多研究人员在这些量化方法的帮助下探讨了量子相干性在量子计算机、量子计量学等领域中的应用．

熵是量子信息理论的关键概念之一，它用来度量物理系统的状态所包含的不确定性．

定义 1.15 量子态 ρ 的 von Neumann 熵定义为

$$S(\rho) \equiv -\mathrm{tr}(\rho \log \rho). \tag{1.8}$$

式（1.8）中的对数通常是以 2 为底，如果 λ_x 表示量子态 ρ 的

特征值，那么量子态 ρ 的 von Neumann 熵还可以表示为

$$S(\rho) = -\sum_{x} \lambda_x \log\lambda_x , \tag{1.9}$$

规定 $0\log0 \equiv 0$.

例如，对于 2 比特贝尔对角态

$$\rho^{ab} = \frac{1}{4}(I \otimes I + \sum_{i=1}^{3} c_i\sigma_i \otimes \sigma_i),$$

ρ^{ab} 的特征值为

$$\lambda_{1,2} = \frac{1}{4}(1 - c_1 \mp c_2 \mp c_3), \lambda_{3,4} = \frac{1}{4}(1 + c_1 \mp c_2 \pm c_3).$$

ρ^{ab} 的 von Neumann 熵为

$$\begin{aligned}
\rho^{ab} &= -\sum_{i=1}^{4} \lambda_i \log\lambda_i \\
&= 2 - \frac{1 - c_1 - c_2 - c_3}{4}\log(1 - c_1 - c_2 - c_3) - \\
&\quad \frac{1 - c_1 + c_2 + c_3}{4}\log(1 - c_1 + c_2 + c_3) - \\
&\quad \frac{1 + c_1 - c_2 + c_3}{4}\log(1 + c_1 - c_2 + c_3) - \\
&\quad \frac{1 + c_1 + c_2 - c_3}{4}\log(1 + c_1 + c_2 - c_3).
\end{aligned} \tag{1.10}$$

相干性的三个基本条件即非相干态、非相干操作、最大相干态.

（1）非相干态. 量子信息理论中，非相干态是量子态中不含有量子相干性的量子态，同分离态不含有纠缠一样，在量子态密度矩阵中，非相干态是只含对角元素的密度矩阵，不含有任何量子信息. 对于单体量子系统，考虑一个在 d 维希尔伯特空间 H 中的量子

态，量子态固定基矢空间为 $\{i\}_{1,\cdots,d}$，在这个基矢中所有只含有对角元素的量子态为非相干态，非相干态的集合用 τ 表示，显然，$\tau \in H$. 非相干态用量子态 δ 表示，且 $\delta \in \tau$，δ 的形式为 $\delta = \sum_{i=1}^{d} \lambda_i | i\rangle\langle i |$.

（2）非相干操作（IO）. 非相干操作的定义为如果量子操作用具体的 Kraus 算符集合 $\{K_n\}$ 表示，且满足 $\sum_n K_n^\dagger K_n = \boldsymbol{I}$，$\boldsymbol{I}$ 表示单位矩阵，则非相干操作要求对所有的 n 满足 $K_n \tau K_n^\dagger \subset \tau$，即通过非相干操作来保证非相干态不会产生量子相干性.

（3）最大相干态. 最大相干态是通过非相干操作能产生所有其他量子态的量子态. 对最大相干态的定义满足两个要求：一是利用任何相干性度量方法测量该量子态相干性都最大；二是对所有标准化量子态，最大相干态作为相干性度量的基本单位. 满足上述要求的最大相干态是 $| \psi_d\rangle = \frac{1}{\sqrt{d}} \sum_{i=1}^{d} e^{-i\theta_i} | i\rangle$.

量子态的相干性度量应该满足下面四个基本要求.

（1）量子系统相干性一定非负，即 $C(\rho) \geqslant 0$. $C(\rho) = 0$ 当且仅当 $\rho \in \tau$，τ 为非相干态集合.

（2）非相干完全正定迹守恒量子操作下相干性不增，即 $C(\Phi_{ICPTP}(\rho)) \leqslant C(\rho)$，其中 $\Phi_{ICPTP}(\tau) \subseteq \tau$.

（3）在选择性非相干操作下相干性平均不增，即 $\sum_n p_n C(\rho_n) \leqslant C(\rho)$，$p_n = \mathrm{tr}(K_n \rho K_n^\dagger)$ 为成功概率，$\rho_n = \frac{K_n \rho K_n^\dagger}{p_n}$，$K_n$ 为非相干 Kraus 算符，满足 $K_n \tau K_n^\dagger \subseteq \tau$.

（4）$C(\rho)$ 在量子态混合过程中是非增的，即为凸函数，$C(\sum_n p_n\rho_n) \leqslant \sum_n p_n C(\rho_n)$，且 $\sum_n p_n = 1$.

在相干性资源的三个基本条件与相干性的度量四个基本要求下，T. Baumgratz 等研究者给出了两种有效度量量子系统相干性的方法.

（1）l_1范数度量. 在希尔伯特空间中固定量子态基矢后，对量子态非对角元素的模求和表示相干性大小，即

$$C_{l_1}(\rho) = \sum_{i \neq j} |\rho_{ij}| . \tag{1.11}$$

（2）相对熵度量. 在希尔伯特空间中固定量子态基矢后，量子态到非相干态相对熵的最小值表示相干性大小，即

$$\begin{aligned} C(\rho) &= \min_{\delta \in \tau} S(\rho \parallel \delta) \\ &= \min_{\delta \in \tau}(\mathrm{tr}(\rho\log\rho) - \mathrm{tr}(\rho\log\sigma)) \\ &= S(\rho_d) - S(\rho), \end{aligned} \tag{1.12}$$

其中，ρ_d表示量子态 ρ 除去所有非对角元素的量子态，$S(\rho) = -\mathrm{tr}(\rho\log\rho)$.

2 实 Clifford 代数的张量积

本章第 2. 1 节把实 Clifford 代数 $C\ell_{p,q}$刻画成单代数与 $C\ell_{p,q}$中心的张量积，并同时给出了张量积形式下的矩阵表示．在第 2. 1 节的基础上，第 2. 2 节给出了实 Clifford 代数 $C\ell_{0,2k+1}$的一个较简单的张量积及矩阵表示．通过前两节我们知道实 Clifford 代数 $C\ell_{p,q}$的张量积因子除了 $C\ell_{1,0}$和 $C\ell_{1,1}$，其他的因子都是熟知的，而 $C\ell_{1,0}\simeq C\ell_{1,1}^{+}$，所以我们在第 2. 3 节讨论了实 Clifford 代数 $C\ell_{p,q}$的张量积因子 $C\ell_{1,1}$的结构．

2. 1 实 Clifford 代数在中心上的张量积

实 Clifford 代数 $C\ell_{p,q}$的研究以 Cartan、Atiyah、Bott 和 Shapiro 给出了实 Clifford 代数的八周期理论而达到了空前的高峰，通过八周期性能够推出下面的结构定理[3,60]：

$$\begin{aligned}
&C\ell_{p+1,q+1}\simeq C\ell_{p,q}\otimes C\ell_{1,1},\\
&C\ell_{p,q}\simeq C\ell_{p-4,q+4},\ p\geqslant 4,\\
&C\ell_{p,q}\simeq C\ell_{q+1,p-1},\ p\geqslant 1,\\
&C\ell_{0,n+2}\simeq C\ell_{n,0}\otimes C\ell_{0,2}.
\end{aligned}\tag{2.1}$$

在本节中，我们利用实 Clifford 代数 $C\ell_{p,q}$的中心给出了 $C\ell_{p,q}$统一的表达式：

$$C\ell_{p,q} \simeq \otimes^{k-\delta} C\ell_{1,1} \otimes \mathrm{Cen}(C\ell_{p,q}) \otimes^{\delta} C\ell_{0,2}, \tag{2.2}$$

其中 $p+q \equiv \varepsilon \bmod 2$，$k = [(p+q) - \varepsilon]/2$，$p - |q-\varepsilon| \equiv i \bmod 8$，$\delta = \lfloor i/4 \rfloor$，$\lfloor i/4 \rfloor$ 表示 $i/4$ 的整数部分．由参考文献［3，60］可知

$$C\ell_{p+1,q+1} \simeq C\ell_{p,q} \otimes C\ell_{1,1} \simeq C\ell_{p,q} \otimes \mathrm{Mat}(2,\mathbb{R}) \simeq \mathrm{Mat}(2, C\ell_{p,q}). \tag{2.3}$$

因此，我们能够获得实 Clifford 代数 $C\ell_{p,q}$的如下矩阵表示：

$$C\ell_{p,q} \simeq \mathrm{Mat}(2^{k-\delta}, \mathrm{Cen}(C\ell_{p,q}) \otimes^{\delta} \mathbb{H}), \tag{2.4}$$

其中 $p+q \equiv \varepsilon \bmod 2$，$k = [(p+q) - \varepsilon]/2$，$p - |q-\varepsilon| \equiv i \bmod 8$，$\delta = \lfloor i/4 \rfloor$．当 $n = p+q$ 为奇数并将 $C\ell_{p,q}$写成分次形式时，参考文献［61］给出了相似的结论．

2.1.1 $C\ell_{p,q}$的中心

实 Clifford 代数 $C\ell_{p,q}$的单位伪标量为 $\boldsymbol{\omega} = \boldsymbol{e}_{12\cdots(p+q)}$，令 $\langle \boldsymbol{\omega} \rangle$ 是由 $\boldsymbol{\omega}$ 生成的 $C\ell_{p,q}$的子代数．因为 $\boldsymbol{\omega}^2 \in \{1, -1\}$，所以

$$\langle \boldsymbol{\omega} \rangle = \{a + b\boldsymbol{\omega} \mid a, b \in \mathbb{R}\} \simeq \begin{cases} \mathbb{C}, & \boldsymbol{\omega}^2 = -1, \\ \mathbb{R} \oplus \mathbb{R}, & \boldsymbol{\omega}^2 = 1. \end{cases} \tag{2.5}$$

引理 2.1 是直接计算的结果．

引理 2.1 设 $\boldsymbol{e}_{s_1 s_2 \cdots s_k}$是一个 k－向量（$k>0$）且 $S = \{s_1, \cdots, s_k\}$，则

$$
\boldsymbol{e}_i\boldsymbol{e}_{s_1s_2\cdots s_k}=\begin{cases}\boldsymbol{e}_{s_1s_2\cdots s_k}\boldsymbol{e}_i, & i\notin S,k\text{ 为偶数},\\ \boldsymbol{e}_{s_1s_2\cdots s_k}\boldsymbol{e}_i, & i\in S,k\text{ 为奇数},\\ -\boldsymbol{e}_{s_1s_2\cdots s_k}\boldsymbol{e}_i, & i\notin S,k\text{ 为奇数},\\ -\boldsymbol{e}_{s_1s_2\cdots s_k}\boldsymbol{e}_i, & i\in S,k\text{ 为偶数}.\end{cases} \tag{2.6}
$$

引理 2.2 是已知的，为了内容的完整性我们给出它的证明 .

引理 2.2 实 Clifford 代数 $C\ell_{p,q}$的中心 $\mathrm{Cen}(C\ell_{p,q})$ 在同构的意义下只有三种形式 .

$$
\mathrm{Cen}(C\ell_{p,q})\simeq\begin{cases}\mathbb{R}, & \text{如果 } p+q\text{ 为偶数},\\ \mathbb{C}, & \text{如果 } p+q\text{ 为奇数, 且 }\boldsymbol{\omega}^2=-1,\\ \mathbb{R}\oplus\mathbb{R}, & \text{如果 } p+q\text{ 为奇数, 且 }\boldsymbol{\omega}^2=1.\end{cases} \tag{2.7}
$$

证明 对于任意 $\boldsymbol{u}\in\mathrm{Cen}(C\ell_{p,q})$，可以把 $\boldsymbol{u}$ 写成所有 k - 向量的线性组合的形式 . 当 $0<k<p+q$ 时，根据引理 2.1，这些 k - 向量都会消失 . 事实上，当 k 是奇数时，存在

$$
\boldsymbol{e}_i\in C\ell_{p,q},i\notin\{s_1,s_2,\cdots,s_k\},
$$

使得

$$
\boldsymbol{e}_{s_1s_2\cdots s_k}\boldsymbol{e}_i=-\boldsymbol{e}_i\boldsymbol{e}_{s_1s_2\cdots s_k}.
$$

当 k 是偶数时,

$$
\boldsymbol{e}_{s_1s_2\cdots s_k}\boldsymbol{e}_{s_1}=-\boldsymbol{e}_{s_1}\boldsymbol{e}_{s_1s_2\cdots s_k}.
$$

因此，$\boldsymbol{u}$ 只能有下面的形式：$\boldsymbol{u}=a+b\boldsymbol{\omega}$. 若 $p+q$ 是偶数，则 $\boldsymbol{\omega}\boldsymbol{e}_i=-\boldsymbol{e}_i\boldsymbol{\omega}$，故$b=0$. 于是

$$
\mathrm{Cen}(C\ell_{p,q})\simeq\mathbb{R}.
$$

若 $p+q$ 是奇数，则对于任意 $\boldsymbol{e}_i\in C\ell_{p,q}$，有

$$\boldsymbol{\omega}\boldsymbol{e}_i=\boldsymbol{e}_i\boldsymbol{\omega}.$$

根据 $\boldsymbol{\omega}^2=-1$ 或 1，有

$$\mathrm{Cen}(C\ell_{p,q})\simeq\mathbb{C}\text{ 或 }\mathbb{R}\oplus\mathbb{R}.$$

因此，

$$\mathrm{Cen}(C\ell_{p,q})\simeq\begin{cases}\mathbb{R}, & \text{如果 } p+q \text{ 为偶数},\\ \mathbb{C}, & \text{如果 } p+q \text{ 为奇数，且 } \boldsymbol{\omega}^2=-1,\\ \mathbb{R}\oplus\mathbb{R}, & \text{如果 } p+q \text{ 为奇数，且 } \boldsymbol{\omega}^2=1.\end{cases}$$

2.1.2　实 Clifford 代数 $C\ell_{p,q}$在中心上的张量积

我们把 $p+q$ 分为奇数和偶数两种情况来讨论实 Clifford 代数 $C\ell_{p,q}$在中心上的张量积．先考虑 $p+q$ 为偶数的情形．引理 2.3 通过八周期理论可以直接计算得到．

引理 2.3　设 $p+q$ 是偶数，且 $0\leqslant p$，$q\leqslant 7$．如果 p，q 中至少一个为 0，则有

$$C\ell_{2,0}\simeq C\ell_{1,1},$$

$$C\ell_{4,0}\simeq C\ell_{1,1}\otimes C\ell_{0,2},$$

$$C\ell_{6,0}\simeq\otimes^2 C\ell_{1,1}\otimes C\ell_{0,2},$$

$$C\ell_{0,4}\simeq C\ell_{1,1}\otimes C\ell_{0,2},$$

$$C\ell_{0,6}\simeq\otimes^3 C\ell_{1,1}.$$

引理 2.4　设 $p+q=2k$，且 $0\leqslant p$，$q\leqslant 7$，则有

$$C\ell_{p,q}\simeq\begin{cases}\otimes^k C\ell_{1,1}, & p-q\equiv 0,2 \bmod 8,\\ \otimes^{k-1}C\ell_{1,1}\otimes C\ell_{0,2}, & p-q\equiv 4,6 \bmod 8.\end{cases}\tag{2.8}$$

证明 如果$p=q$，那么根据式（2.1）可知式（2.8）成立．令

$$|p-q|=2h, h\in\{1,2,3\}.$$

如果$p>q$，那么

$$C\ell_{p,q}=C\ell_{q+2h,q}\simeq\otimes^{q}C\ell_{1,1}\otimes C\ell_{2h,0}.$$

如果$p<q$，那么

$$C\ell_{p,q}=C\ell_{p,p+2h}\simeq\otimes^{p}C\ell_{1,1}\otimes C\ell_{0,2h}.$$

设$p-q\equiv m \bmod 8$. 我们能够通过引理2.3导出以下$C\ell_{p,q}$的张量积表格：

m	0	2	4	6
$p-q$	0	2, −6	4, −4	6, −2
$C\ell_{p,q}$	$\otimes^{k}C\ell_{1,1}$	$\otimes^{k}C\ell_{1,1}$	$\otimes^{k-1}C\ell_{1,1}\otimes C\ell_{0,2}$	$\otimes^{k-1}C\ell_{1,1}\otimes C\ell_{0,2}$

因此结论成立．

引理 2.5 如果$p+q=2k$，那么

$$C\ell_{p,q}\simeq\begin{cases}\otimes^{k}C\ell_{1,1}, & p-q\equiv 0,2 \bmod 8,\\ \otimes^{k-1}C\ell_{1,1}\otimes C\ell_{0,2}, & p-q\equiv 4,6 \bmod 8.\end{cases}\tag{2.9}$$

证明 令

$$p=8s+p_1, q=8t+q_1,$$

其中

$$0\leqslant p_1,q_1\leqslant 7 \text{ 且 } p_1+q_1=2k_1.$$

则根据式（2.1）有

$$C\ell_{p,q}=C\ell_{8s+p_1,8t+q_1}\simeq C\ell_{4(s+t)+p_1,4(s+t)+q_1}\simeq\otimes^{4(s+t)}C\ell_{1,1}\otimes C\ell_{p_1,q_1}.$$

注意到

$$p_1+q_1=2k_1,0\leqslant|p_1-q_1|=2h\leqslant 6.$$

于是通过引理 2.4，有

$$C\ell_{p_1,q_1}\simeq\begin{cases}\otimes^{k_1}C\ell_{1,1}, & p_1-q_1\equiv 0,2 \bmod 8,\\ \otimes^{k_1-1}C\ell_{1,1}\otimes C\ell_{0,2}, & p_1-q_1\equiv 4,6 \bmod 8.\end{cases}$$

因此，

$$C\ell_{p,q}\simeq\begin{cases}\otimes^{4(s+t)}C\ell_{1,1}\otimes^{k_1}C\ell_{1,1}, & p_1-q_1\equiv 0,2 \bmod 8,\\ \otimes^{4(s+t)}C\ell_{1,1}\otimes^{k_1-1}C\ell_{1,1}\otimes C\ell_{0,2}, & p_1-q_1\equiv 4,6 \bmod 8,\end{cases}$$

$$\simeq\begin{cases}\otimes^{k}C\ell_{1,1}, & p-q\equiv 0,2 \bmod 8,\\ \otimes^{k-1}C\ell_{1,1}\otimes C\ell_{0,2}, & p-q\equiv 4,6 \bmod 8.\end{cases}$$

定理 2.1 如果 $p+q=2k$ 且 $p-q\equiv i \bmod 8$，那么

$$C\ell_{p,q}\simeq\otimes^{k-\delta}C\ell_{1,1}\otimes\mathrm{Cen}(C\ell_{p,q})\otimes^{\delta}C\ell_{0,2}, \tag{2.10}$$

其中 $\delta=\lfloor i/4\rfloor$.

证明 根据引理 2.2，有

$$\mathrm{Cen}(C\ell_{p,q})\simeq\begin{cases}C\ell_{0,0}, & \text{如果 } p+q \text{ 是偶数},\\ C\ell_{0,1}, & \text{如果 } p+q \text{ 是奇数,且 } \boldsymbol{\omega}^2=-1,\\ C\ell_{1,0}, & \text{如果 } p+q \text{ 是奇数,且 } \boldsymbol{\omega}^2=1.\end{cases} \tag{2.11}$$

根据式（2.9）和式（2.11）就可以得到式（2.10）.

接下来考虑 $p+q$ 为奇数的情形.

引理 2.6 如果 $p+q=2k+1$，那么

$$C\ell_{p,q}\simeq\begin{cases}C\ell_{p,q-1}\otimes\mathrm{Cen}(C\ell_{p,q}), & q>0,\\ C\ell_{p-1,0}\otimes\mathrm{Cen}(C\ell_{p,q}), & q=0.\end{cases} \tag{2.12}$$

证明 此处只考虑 $q=0$ 的情形，$q>0$ 的情形的证明方法是类似的.

首先，$C\ell_{p-1,0}$和 $\mathrm{Cen}(C\ell_{p,q})$ 是 $C\ell_{p,q}$的子代数．其次，对于任意 $\boldsymbol{a}\in C\ell_{p-1,0}$与 $\boldsymbol{b}\in \mathrm{Cen}(C\ell_{p,q})$，都有 $\boldsymbol{ab}=\boldsymbol{ba}$. 再次，

$$\begin{aligned} C\ell_{p,q} &= \langle \boldsymbol{e}_1, \boldsymbol{e}_2, \cdots, \boldsymbol{e}_{p-1}, \boldsymbol{e}_p \rangle \\ &= \langle \boldsymbol{e}_1, \boldsymbol{e}_2, \cdots, \boldsymbol{e}_{p-1} \rangle \langle \boldsymbol{e}_p \rangle \\ &= C\ell_{p-1,0}\mathrm{Cen}(C\ell_{p,q}). \end{aligned}$$

最后，

$$\dim C\ell_{p,q} = 2^{p+q} = 2^p = 2^{p-1}2^1 = \dim C\ell_{p-1,0} \dim \mathrm{Cen}(C\ell_{p,q}).$$

因此，

$$C\ell_{p,q} \simeq C\ell_{p-1,0} \otimes \mathrm{Cen}(C\ell_{p,q}).$$

引理 2.7 如果 $p+q=2k+1$，那么

$$C\ell_{p,q} \simeq \begin{cases} \otimes^k C\ell_{1,1} \otimes \mathrm{Cen}(C\ell_{p,q}), & p-|q-1| \equiv 0,2 \bmod 8, \\ \otimes^{k-1} C\ell_{1,1} \otimes \mathrm{Cen}(C\ell_{p,q}) \otimes C\ell_{0,2}, & p-|q-1| \equiv 4,6 \bmod 8. \end{cases}$$

证明 根据引理 2.6，有

$$C\ell_{p,q} \simeq \begin{cases} C\ell_{p,q-1} \otimes \mathrm{Cen}(C\ell_{p,q}), & q>0, \\ C\ell_{p-1,0} \otimes \mathrm{Cen}(C\ell_{p,q}), & q=0. \end{cases}$$

根据引理 2.5，有

$$C\ell_{p,q-1} \simeq \begin{cases} \otimes^k C\ell_{1,1}, & p-|q-1| \equiv 0,2 \bmod 8, \\ \otimes^{k-1} C\ell_{1,1} \otimes C\ell_{0,2}, & p-|q-1| \equiv 4,6 \bmod 8, \end{cases}$$

$$C\ell_{p-1,0} \simeq \begin{cases} \otimes^k C\ell_{1,1}, & p-|q-1| \equiv 0,2 \bmod 8, \\ \otimes^{k-1} C\ell_{1,1} \otimes C\ell_{0,2}, & p-|q-1| \equiv 4,6 \bmod 8. \end{cases}$$

因此，

$$C\ell_{p,q} \simeq \begin{cases} \bigotimes^{k} C\ell_{1,1} \otimes \mathrm{Cen}(C\ell_{p,q}), & p-|q-1| \equiv 0,2 \bmod 8, \\ \bigotimes^{k-1} C\ell_{1,1} \otimes \mathrm{Cen}(C\ell_{p,q}) \otimes C\ell_{0,2}, & p-|q-1| \equiv 4,6 \bmod 8. \end{cases}$$

定理 2.2 如果 $p+q=2k+1$ 且 $p-|q-1| \equiv i \bmod 8$，那么

$$C\ell_{p,q} \simeq \bigotimes^{k-\delta} C\ell_{1,1} \otimes \mathrm{Cen}(C\ell_{p,q}) \otimes^{\delta} C\ell_{0,2}, \tag{2.13}$$

其中 $\delta = \lfloor i/4 \rfloor$.

结合定理 2.1 和定理 2.2，即可得出本节的主要定理.

定理 2.3 对于任意非负整数 p，q，有

$$C\ell_{p,q} \simeq \bigotimes^{k-\delta} C\ell_{1,1} \otimes^{\delta} C\ell_{0,2} \otimes \mathrm{Cen}(C\ell_{p,q}), \tag{2.14}$$

其中 $p+q \equiv \varepsilon \bmod 2$，$k=[(p+q)-\varepsilon]/2$，$p-|q-\varepsilon| \equiv i \bmod 8$，$\delta = \lfloor i/4 \rfloor$.

通过式（2.3）和 $C\ell_{0,2} \simeq \mathbb{H}$，能够得到下列推论.

推论 2.1

$$C\ell_{p,q} \simeq \mathrm{Mat}(2^{k-\delta}, \mathrm{Cen}(C\ell_{p,q}) \otimes^{\delta} \mathbb{H}), \tag{2.15}$$

其中 $p+q \equiv \varepsilon \bmod 2$，$k=[(p+q)-\varepsilon]/2$，$p-|q-\varepsilon| \equiv i \bmod 8$，$\delta = \lfloor i/4 \rfloor$.

推论 2.2

$$C\ell_{p,q} \simeq \begin{cases} \mathrm{Mat}(2^{k-\delta}, \mathrm{Cen}(C\ell_{p,q})), & \text{如果 } \delta=0, \\ \mathrm{Mat}(2^{k-\delta}, \mathrm{Cen}(C\ell_{p,q}) \otimes \mathbb{H}), & \text{如果 } \delta=1. \end{cases} \tag{2.16}$$

其中 $p+q \equiv \varepsilon \bmod 2$，$k=[(p+q)-\varepsilon]/2$，$p-|q-\varepsilon| \equiv i \bmod 8$，$\delta = \lfloor i/4 \rfloor$.

定理 2.3、推论 2.1 和推论 2.2 把实 Clifford 代数的八周期定理

统一成了一个表达式.

2.2 $C\ell_{0,2k+1}$的张量积分解式与矩阵表示

上一节（也参见参考文献［37］）给出了实 Clifford 代数 $C\ell_{p,q}$的张量积表达式与矩阵表示，本节将进一步给出实 Clifford 代数 $C\ell_{0,2k+1}$的张量积分解式及矩阵表示（也参见参考文献［57］）. 当 $C\ell_{0,2k+1}$的中心同构于$\mathbb{C}$时，得到了"$C\ell_{0,2k+1}$同构于 $C\ell_{1,1}$的 k 次张量幂和 $C\ell_{0,1}$的张量积"的结论，并利用该结果得到 $C\ell_{0,2k+1}$的矩阵表示. 由于 $C\ell_{0,2k+1}$为单代数[58]，所以 $C\ell_{0,2k+1}$的矩阵表示是忠实的. 当 $C\ell_{0,2k+1}$的中心同构于$\mathbb{R}$与$\mathbb{R}$直和时，得到了 $C\ell_{0,2k+1}$的张量积分解与矩阵表示. 结合上述两种情况，得到了本节的主要结果：

$$C\ell_{0,2k+1} \simeq \otimes^{k-\delta} C\ell_{1,1} \otimes \mathrm{Cen}(C\ell_{0,2k+1}) \otimes^{\delta} C\ell_{0,2} \simeq$$

$$\mathrm{Mat}(2^{k-\delta}, \mathrm{Cen}(C\ell_{0,2k+1}) \otimes^{\delta} \mathbb{H}),$$

其中，k 为非负整数，$2k+1 \equiv \alpha \bmod 8$，$\delta = \lfloor 1 - \{\alpha/3\} \rfloor$，$\{\alpha/3\}$为 $\alpha/3$ 的小数部分.

2.2.1 $C\ell_{0,2k+1}$的张量积

本小节按中心同构于$\mathbb{C}$和$\mathbb{R}$与$\mathbb{R}$直和两种情况探讨 $C\ell_{0,2k+1}$的张量积分解，首先给出中心同构于$\mathbb{C}$和$\mathbb{R}$与$\mathbb{R}$直和的充要条件.

引理 2.8 设 k 是非负整数，则以下三个结论等价：

（1）$\mathrm{Cen}(C\ell_{0,2k+1})$ 同构于二维实代数$\mathbb{C}$；

（2）$2k+1\equiv 1 \bmod 4$；

（3）$\boldsymbol{e}_{12\cdots(2k+1)}^2=-1$.

证明 设 $\boldsymbol{e}_{12\cdots(2k+1)}$ 为 $C\ell_{0,2k+1}$ 的（$2k+1$）-向量，则

$$\boldsymbol{e}_{12\cdots(2k+1)}^2=(-1)^{(1+2+\cdots+2k)}\boldsymbol{e}_1^2\boldsymbol{e}_2^2\cdots\boldsymbol{e}_{2k+1}^2=(-1)^{(1+2+\cdots+2k)}\times(-1)$$
$$=(-1)^{k(2k+1)+1}=(-1)^{(k+1)}.$$

根据参考文献［37］，经简单计算即可得出结论.

引理 2.9 设 k 是非负整数，则以下三个结论等价：

（1）$\mathrm{Cen}(C\ell_{0,2k+1})$ 同构于二维实代数 $\mathbb{R}\oplus\mathbb{R}$；

（2）$2k+1\equiv 3 \bmod 4$；

（3）$\boldsymbol{e}_{12\cdots(2k+1)}^2=1$.

证明类似于引理 2.2.

引理 2.10[3] $C\ell_{3,0}\simeq C\ell_{1,1}\otimes C\ell_{0,1}\simeq \mathrm{Mat}(2,\mathbb{R})\otimes\mathbb{C}\simeq\mathbb{H}\otimes\mathbb{C}\simeq C\ell_{0,2}\otimes C\ell_{0,1}$.

证明 由于 $C\ell_{3,0}=\langle\boldsymbol{e}_1,\boldsymbol{e}_2\rangle\langle\boldsymbol{e}_{123}\rangle$，而

$$\langle\boldsymbol{e}_1,\boldsymbol{e}_2\rangle\simeq C\ell_{1,1},\langle\boldsymbol{e}_{123}\rangle\simeq\mathbb{C},$$

因此，经简单的张量积验证得到 $C\ell_{3,0}\simeq C\ell_{1,1}\otimes C\ell_{0,1}$. 由于 $C\ell_{3,0}=\langle\boldsymbol{e}_{12},\boldsymbol{e}_{13}\rangle\langle\boldsymbol{e}_{123}\rangle$，而

$$\langle\boldsymbol{e}_{12},\boldsymbol{e}_{13}\rangle\simeq C\ell_{0,2},\langle\boldsymbol{e}_{123}\rangle\simeq\mathbb{C},$$

因此，经简单的张量积验证得到 $C\ell_{3,0}\simeq C\ell_{0,2}\otimes C\ell_{0,1}$.

注 2.1 引理 2.10 的内容可参见参考文献［3］中第四章与第十七章内容，为考察 $C\ell_{3,0}$ 的结构，本书给出了 $C\ell_{3,0}$ 的另一种证明.

引理 2.11 当 $\mathrm{Cen}(C\ell_{0,2k+1})\simeq\mathbb{C}$ 时，

$$C\ell_{0,2k+1}\simeq\otimes^k C\ell_{1,1}\otimes C\ell_{0,1}. \tag{2.17}$$

证明 当 $\mathrm{Cen}(C\ell_{0,2k+1}) \simeq \mathbb{C}$ 时，$2k+1 \equiv 1 \bmod 4$，即 $2k+1 \equiv 1, 5 \bmod 8$. 因为当 $p+q=2k+1$ 时，$C\ell_{p,q}$有如下张量积分解式[37]：

$$C\ell_{p,q} \simeq \begin{cases} \otimes^{k} C\ell_{1,1} \otimes \mathrm{Cen}(C\ell_{p,q}), & p-|q-1| \equiv 0,2 \bmod 8, \\ \otimes^{k-1} C\ell_{1,1} \otimes \mathrm{Cen}(C\ell_{p,q}) \otimes C\ell_{0,2}, & p-|q-1| \equiv 4,6 \bmod 8, \end{cases}$$

所以当 $2k+1 \equiv 1 \bmod 8$ 时，式（2.17）成立. 当 $2k+1 \equiv 5 \bmod 8$ 时，根据引理 2.10 有

$$C\ell_{0,2k+1} \simeq \otimes^{k-1} C\ell_{1,1} \otimes C\ell_{0,1} \otimes C\ell_{0,2} \simeq \otimes^{k} C\ell_{1,1} \otimes C\ell_{0,1}.$$

这就完成了证明.

由参考文献［37］经简单计算可得如下引理.

引理 2.12 当 $\mathrm{Cen}(C\ell_{0,2k+1}) \simeq \mathbb{R} \oplus \mathbb{R}$ 时，

$$C\ell_{0,2k+1} \simeq \begin{cases} \otimes^{k-1} C\ell_{1,1} \otimes C\ell_{1,0} \otimes C\ell_{0,2}, & 2k+1 \equiv 3 \bmod 8, \\ \otimes^{k} C\ell_{1,1} \otimes C\ell_{1,0}, & 2k+1 \equiv 7 \bmod 8. \end{cases}$$

结合引理 2.11 和引理 2.12，可给出 $C\ell_{0,2k+1}$的张量积分解式：

定理 2.4 设 k 是非负整数，则

$$C\ell_{0,2k+1} \simeq \otimes^{k-\delta} C\ell_{1,1} \otimes \mathrm{Cen}(C\ell_{0,2k+1}) \otimes^{\delta} C\ell_{0,2}, \tag{2.18}$$

其中 $2k+1 \equiv \alpha \bmod 8$，$\delta = \lfloor 1 - \{\alpha/3\} \rfloor$.

2.2.2 $C\ell_{0,2k+1}$的矩阵表示

引理 2.13 当 $\mathrm{Cen}(C\ell_{0,2k+1}) \simeq \mathbb{C}$ 时，

$$C\ell_{0,2k+1} \simeq \left\{ \begin{pmatrix} aM & -bM \\ bM & aM \end{pmatrix} \middle| \ M \in \mathrm{Mat}(2^k, \mathbb{R}), a, b \in \mathbb{R} \right\}. \tag{2.19}$$

证明　因为$\otimes^k C\ell_{1,1} \simeq \otimes^k \mathrm{Mat}(2, \mathbb{R}) \simeq \mathrm{Mat}(2^k, \mathbb{R})$，并且

$$C\ell_{0,1} \simeq \left\{ \begin{pmatrix} a & -b \\ b & a \end{pmatrix} \mid a, b \in \mathbb{R} \right\},$$

所以当$\mathrm{Cen}(C\ell_{0,2k+1}) \simeq \mathbb{C}$时，

$$\begin{aligned} C\ell_{0,2k+1} &\simeq \otimes^k C\ell_{1,1} \otimes C\ell_{0,1} \\ &\simeq \mathrm{Mat}(2^k, \mathbb{R}) \otimes \left\{ \begin{pmatrix} a & -b \\ b & a \end{pmatrix} \mid a, b \in \mathbb{R} \right\} \\ &\simeq \left\{ \begin{pmatrix} aM & -bM \\ bM & aM \end{pmatrix} \mid M \in \mathrm{Mat}(2^k, \mathbb{R}), a, b \in \mathbb{R} \right\}. \end{aligned}$$

引理 2.14　设$\mathrm{Cen}(C\ell_{0,2k+1}) \simeq \mathbb{R} \oplus \mathbb{R}$.

（1）如果$2k+1 \equiv 7 \bmod 8$，则

$$C\ell_{0,2k+1} \simeq \left\{ \begin{pmatrix} aM & bM \\ bM & aM \end{pmatrix} \mid M \in \mathrm{Mat}(2^k, \mathbb{R}), a, b \in \mathbb{R} \right\};$$

（2）如果$2k+1 \equiv 3 \bmod 8$，则

$$C\ell_{0,2k+1} \simeq \left\{ M \otimes \begin{pmatrix} a & b \\ b & a \end{pmatrix} \otimes N \mid M \in \mathrm{Mat}(2^{k-1}, \mathbb{R}), a, b, a_i \in \mathbb{R}, i = 1,2,3,4 \right\},$$

其中$N = \begin{pmatrix} a_1 & -a_2 & -a_3 & -a_4 \\ a_2 & a_1 & a_4 & -a_3 \\ a_3 & -a_4 & a_1 & a_2 \\ a_4 & a_3 & -a_2 & a_1 \end{pmatrix}$.

证明

（1）如果$2k+1 \equiv 7 \bmod 8$，有式（2.17）. 因为

$$C\ell_{1,0} \simeq \left\{ \begin{pmatrix} a & b \\ b & a \end{pmatrix} \mid a, b \in \mathbb{R} \right\},$$

所以

$$\begin{aligned} C\ell_{0,2k+1} &\simeq \otimes^{k} C\ell_{1,1} \otimes C\ell_{1,0} \\ &\simeq \mathrm{Mat}(2^{k}, \mathbb{R}) \otimes C\ell_{1,0} \\ &\simeq \left\{ \begin{pmatrix} aM & bM \\ bM & aM \end{pmatrix} \mid M \in \mathrm{Mat}(2^{k}, \mathbb{R}), a, b \in \mathbb{R} \right\}. \end{aligned}$$

（2）如果 $2k+1 \equiv 3 \bmod 8$，有

$$C\ell_{0,2k+1} \simeq \otimes^{k-1} C\ell_{1,1} \otimes C\ell_{1,0} \otimes C\ell_{0,2}.$$

因为

$$C\ell_{0,2} \simeq \left\{ \begin{pmatrix} a_1 & -a_2 & -a_3 & -a_4 \\ a_2 & a_1 & a_4 & -a_3 \\ a_3 & -a_4 & a_1 & a_2 \\ a_4 & a_3 & -a_2 & a_1 \end{pmatrix} \mid a_i \in \mathbb{R}, i = 1, 2, 3, 4 \right\},$$

所以

$$\begin{aligned} C\ell_{0,2k+1} &\simeq \otimes^{k-1} C\ell_{1,1} \otimes C\ell_{1,0} \otimes C\ell_{0,2} \\ &\simeq \mathrm{Mat}(2^{k-1}, \mathbb{R}) \otimes C\ell_{1,0} \otimes C\ell_{0,2} \\ &\simeq \left\{ M \otimes \begin{pmatrix} a & b \\ b & a \end{pmatrix} \otimes \begin{pmatrix} a_1 & -a_2 & -a_3 & -a_4 \\ a_2 & a_1 & a_4 & -a_3 \\ a_3 & -a_4 & a_1 & a_2 \\ a_4 & a_3 & -a_2 & a_1 \end{pmatrix} \right\}. \end{aligned}$$

结合引理 2.13 和引理 2.14 可得：

定理 2.5 设 k 是非负整数，有

$$C\ell_{0,2k+1} \simeq \mathrm{Mat}(2^{k-\delta}, \mathrm{Cen}(C\ell_{0,2k+1}) \otimes^{\delta} \mathbb{H}), \qquad (2.20)$$

其中 $2k+1 \equiv \alpha \bmod 8$，$\delta = \lfloor 1 - \{\alpha/3\} \rfloor$.

2.3 实 Clifford 代数的张量积因子的结构

由定理 2.3 可知，$C\ell_{p,q}$的张量积的因子至多有以下五种代数：

$\mathbb{R} \simeq C\ell_{0,0}, \mathbb{C} \simeq C\ell_{0,1}, \mathbb{H} \simeq C\ell_{0,2}, \mathbb{R} \oplus \mathbb{R} \simeq C\ell_{1,0} \simeq C\ell_{1,1}^{+}, C\ell_{1,1} \simeq C\ell_{2,0}$.

前三种代数是熟知的实数、复数与四元数．而 $C\ell_{1,0} \simeq C\ell_{1,1}^{+}$，所以下面研究 $C\ell_{1,1}$的结构．

Clifford 代数 $C\ell_{1,1}$由$\mathbb{R}^{1,1}$生成，可表示为

$$C\ell_{1,1} = \{a_0 + a_1\boldsymbol{e}_1 + a_2\boldsymbol{e}_2 + a_{12}\boldsymbol{e}_{12} \mid a_0, a_1, a_2, a_{12} \in \mathbb{R}, \boldsymbol{e}_1, \boldsymbol{e}_2, \boldsymbol{e}_{12} \notin \mathbb{R}\} = \langle \boldsymbol{e}_1, \boldsymbol{e}_2 \rangle.$$

且有

$$C\ell_{1,1} = C\ell_{1,1}^{+} \oplus C\ell_{1,1}^{-} = C\ell_{1,1}^{+} \oplus \mathbb{R}^{1,1} \simeq C\ell_{1,0} \oplus \mathbb{R}^{1,1}.$$

由于$\mathbb{R}^{1,1} = C\ell_{1,1}^{+}\mathbb{R}^{1,1}$，因此$\mathbb{R}^{1,1}$是 $C\ell_{1,1}^{+}$的代数模．对于任意

$$\boldsymbol{u} = a_0 + a_1\boldsymbol{e}_1 + a_2\boldsymbol{e}_2 + a_{12}\boldsymbol{e}_{12} \in C\ell_{1,1},$$

因为

$$\begin{aligned} \boldsymbol{u}\bar{\boldsymbol{u}} &= (a_0 + a_1\boldsymbol{e}_1 + a_2\boldsymbol{e}_2 + a_{12}\boldsymbol{e}_{12})(a_0 - a_1\boldsymbol{e}_1 - a_2\boldsymbol{e}_2 - a_{12}\boldsymbol{e}_{12}) \\ &= a_0^2 + a_2^2 - a_1^2 - a_{12}^2 \in \mathbb{R}, \end{aligned}$$

所以 $\boldsymbol{u}$ 可逆的充要条件是 $a_0^2 + a_2^2 - a_1^2 - a_{12}^2 \neq 0$，即 $a_0^2 + a_2^2 \neq a_1^2 + a_{12}^2$.

进一步有

$$\boldsymbol{u}^{-1}=\frac{\overline{\boldsymbol{u}}}{a_0^2+a_2^2-a_1^2-a_{12}^2}.$$

对于任意 $\boldsymbol{x}=x_1\boldsymbol{e}_1+x_2\boldsymbol{e}_2\in\mathbb{R}^{1,1}$，以及

$$\boldsymbol{u}=a_0+a_1\boldsymbol{e}_1+a_2\boldsymbol{e}_2+a_{12}\boldsymbol{e}_{12}\in\Gamma_{1,1},$$

由于 $\boldsymbol{u}\boldsymbol{x}\hat{\boldsymbol{u}}^{-1}\in\mathbb{R}^{1,1}$，因此

$$[(a_1x_1-a_2x_2)a_0-(a_0x_1-a_{12}x_2)a_1+(a_{12}x_1-a_0x_2)a_2+(a_2x_1-a_1x_2)a_{12}]+[-(a_1x_1-a_2x_2)a_{12}+(a_0x_1-a_{12}x_2)a_2+(a_0x_2-a_{12}x_1)a_1+(a_1x_2-a_2x_1)a_0]\boldsymbol{e}_{12}=0.$$

整理得

$$\begin{cases}a_0a_2x_2-a_2a_{12}x_1=0,\\ a_0a_1x_2-a_1a_{12}x_1=0,\end{cases}\quad \forall x_1,x_2\in\mathbb{R}.$$

因此，

$$a_0=a_{12}=0 \text{ 或 } a_1=a_2=0.$$

又因为 $\boldsymbol{u}$ 可逆，所以若 $\boldsymbol{u}\in\Gamma_{1,1}$，则

$$\boldsymbol{u}=a_0+a_{12}\boldsymbol{e}_{12},a_0\neq a_{12} \text{或} \boldsymbol{u}=a_1\boldsymbol{e}_1+a_2\boldsymbol{e}_2,a_1\neq a_2.$$

由参考文献［3］可知，

$$\mathrm{Spin}_+(1,1)=\{x+y\boldsymbol{e}_{12}\mid x,y\in\mathbb{R},x^2-y^2=1\},$$

$$\mathrm{Spin}(1,1)=\{x+y\boldsymbol{e}_{12}\mid x,y\in\mathbb{R},x^2-y^2=\pm1\}.$$

定理 2.6 $\mathrm{Spin}_+(1,1)$ 构成平面 $\mathbb{R}^{1,1}$ 上的 Lorentz 群.

证明 对于任意 $x_1+y_1\boldsymbol{e}_{12}\in\mathrm{Spin}_+(1,1)$ 和 $x\boldsymbol{e}_1+y\boldsymbol{e}_2\in\mathbb{R}^{1,1}$，有

$$(x_1+y_1\boldsymbol{e}_{12})(x\boldsymbol{e}_1+y\boldsymbol{e}_2)=(xx_1-yy_1)\boldsymbol{e}_1+(x_1y-y_1x)\boldsymbol{e}_2=x'\boldsymbol{e}_1+y'\boldsymbol{e}_2,$$

以及

$$
\begin{aligned}
(x')^2-(y')^2 &= (xx_1-yy_1)^2-(x_1y-xy_1)^2 \\
&= (x^2-y^2)x_1^2-(x^2-y^2)y_1^2 \\
&= (x^2-y^2)(x_1^2-y_1^2) \\
&= x^2-y^2.
\end{aligned}
$$

因此映射

$$
L_\varphi:\mathbb{R}^{1,1}\to\mathbb{R}^{1,1}
$$

$$
x\boldsymbol{e}_1+y\boldsymbol{e}_2\mapsto(x_1+y_1\boldsymbol{e}_{12})(x\boldsymbol{e}_1+y\boldsymbol{e}_2)
$$

为平面$\mathbb{R}^{1,1}$上的 Lorentz 变换．所有这种形式的变换，关于变换的合成作成群，并且该群与 $\mathrm{Spin}_+(1,1)$ 同构．

命题 2.1[62] $C\ell_{1,1}$有如下三个互不同构的二维子代数：

$$
\begin{cases}
E=\{x+\boldsymbol{i}y \mid x,y\in\mathbb{R},\boldsymbol{i}^2=-1\}, \\
M=\{x+\boldsymbol{j}y \mid x,y\in\mathbb{R},\boldsymbol{j}^2=1\}, \\
G=\{x+\boldsymbol{k}y \mid x,y\in\mathbb{R},\boldsymbol{k}^2=0\},
\end{cases}
$$

其中 $\boldsymbol{i}=\boldsymbol{e}_2$，$\boldsymbol{j}=\boldsymbol{e}_1$，$\boldsymbol{k}=(\boldsymbol{e}_1+\boldsymbol{e}_2)/2$.

在 $C\ell_{1,1}$中引入半序关系：

$$
\boldsymbol{w}_1<_1\boldsymbol{w}_2\Leftrightarrow\boldsymbol{w}_2-\boldsymbol{w}_1\in E,
$$

$$
\boldsymbol{w}_1<_2\boldsymbol{w}_2\Leftrightarrow\boldsymbol{w}_2-\boldsymbol{w}_1\in M,
$$

$$
\boldsymbol{w}_1<_3\boldsymbol{w}_2\Leftrightarrow\boldsymbol{w}_2-\boldsymbol{w}_1\in G.
$$

任取 $\boldsymbol{w}_1$，$\boldsymbol{w}_2\in C\ell_{1,1}$，若$\boldsymbol{w}_1<_i\boldsymbol{w}_2$，则有广义 Schwarz 不等式：

$$
\begin{cases}
|\boldsymbol{w}_1\cdot\boldsymbol{w}_2|\leqslant\sqrt{|\boldsymbol{w}_1\cdot\boldsymbol{w}_1||\boldsymbol{w}_2\cdot\boldsymbol{w}_2|}, & i=1, \\
|\boldsymbol{w}_1\cdot\boldsymbol{w}_2|\geqslant\sqrt{|\boldsymbol{w}_1\cdot\boldsymbol{w}_1||\boldsymbol{w}_2\cdot\boldsymbol{w}_2|}, & i=2, \\
|\boldsymbol{w}_1\cdot\boldsymbol{w}_2|=\sqrt{|\boldsymbol{w}_1\cdot\boldsymbol{w}_1||\boldsymbol{w}_2\cdot\boldsymbol{w}_2|}, & i=3.
\end{cases}
\tag{2.21}
$$

根据参考文献［3，62，63］及计算，可以看出 $\boldsymbol{i}$，$\boldsymbol{j}$，$\boldsymbol{k}$ 性质的相似与不同，见表2.1.

表 2.1　$\boldsymbol{i}$，$\boldsymbol{j}$，$\boldsymbol{k}$ 性质

	椭圆复数 $\xi=\boldsymbol{i}$	双曲复数 $\xi=\boldsymbol{j}$	抛物复数 $\xi=\boldsymbol{k}$
一般形式 $x+\xi y$	$x+\boldsymbol{i}y$	$x+\boldsymbol{j}y$	$x+\boldsymbol{k}y$
零因子	$x=y=0$	$x=\pm y$	$x=0$
模长 σ_ξ	$\sqrt{x^2+y^2}$	$\sqrt{\lvert x^2-y^2\rvert}$	$\sqrt{x^2}$
辐角 φ_ξ	$\arctan\frac{y}{x}$	$\operatorname{arctanh}\left(\operatorname{sgn}(xy)\frac{\min\lvert x\rvert\lvert y\rvert}{\max\lvert x\rvert\lvert y\rvert}\right)$	$\frac{y}{x}$
示向数 δ_ξ	1	$\begin{cases}1, & x>\lvert y\rvert\\ \boldsymbol{j}, & y>\lvert x\rvert\\ -1, & -x>\lvert y\rvert\\ -\boldsymbol{j}, & -y>\lvert x\rvert\end{cases}$	±1
欧拉公式 $e^{\xi\theta}$	$\cos\theta+\boldsymbol{i}\sin\theta$	$\cosh\theta+\boldsymbol{j}\sinh\theta$	$1+\boldsymbol{k}\theta$
三角形式 $\sigma_\xi\delta_\xi e^{\xi\theta}$	$\sqrt{x^2+y^2}(\cos\theta+\boldsymbol{i}\sin\theta)$	$\pm\sqrt{x^2-y^2}(\cosh\theta+\boldsymbol{j}\sinh\theta)$ $\pm\sqrt{y^2-x^2}(\cosh\theta+\boldsymbol{j}\sinh\theta)$	$\pm\sqrt{x^2}(1+\boldsymbol{k}\theta)$
二维转动群 $SO(2,\xi)$	$\begin{pmatrix}\cos\theta & \sin\theta\\ \boldsymbol{i}^2\sin\theta & \cos\theta\end{pmatrix}$ Euclid 变换群	$\begin{pmatrix}\cosh\theta & \sinh\theta\\ \boldsymbol{j}^2\sinh\theta & \cosh\theta\end{pmatrix}$ Lorentz 变换群	$\begin{pmatrix}1 & \theta\\ \boldsymbol{k}^2\theta & 1\end{pmatrix}$ Galilo 变换群
二重西群 $U(1,\xi)$	$\begin{pmatrix}\cos\theta & \boldsymbol{i}\sin\theta\\ \boldsymbol{i}\sin\theta & \cos\theta\end{pmatrix}$	$\begin{pmatrix}\cosh\theta & \boldsymbol{j}\sinh\theta\\ \boldsymbol{j}\sinh\theta & \cosh\theta\end{pmatrix}$	$\begin{pmatrix}1 & \boldsymbol{k}\theta\\ \boldsymbol{k}\theta & 1\end{pmatrix}$

3　实 Clifford 代数的矩阵表示

本章在第 2 章的基础上研究了实 Clifford 代数的表示分类，给出了 $C\ell_{p,q}$（$p+q=3$）的忠实的实矩阵表示与非忠实的实矩阵表示，进而能够算出实 Clifford 代数的全部实矩阵表示.

3.1　$C\ell_{p,q}$的表示

通过推论 2.1 我们知道了实 Clifford 代数 $C\ell_{p,q}$的忠实表示，接下来研究实 Clifford 代数 $C\ell_{p,q}$的所有表示.

根据式（2.14）及 $C\ell_{p,q}$的中心可知：

$\mathrm{Cen}(C\ell_{p,q}) = \mathbb{R} \oplus \varepsilon\boldsymbol{\omega}\mathbb{R}$，其中 $p+q \equiv \varepsilon \bmod 2$，$\boldsymbol{\omega} = \boldsymbol{e}_{12\cdots(p+q)}$.

在式（2.14）中，因为 $C\ell_{1,1}$，$C\ell_{0,2}$是单代数，所以$\otimes^{k-\delta} C\ell_{1,1} \otimes^{\delta} C\ell_{0,2}$是单代数. 于是 $C\ell_{p,q}$的表示的分类与 $C\ell_{p,q}$的中心 $\mathrm{Cen}(C\ell_{p,q})$ 密切相关.

引理 3.1　当（$\varepsilon\boldsymbol{\omega}$）$^2 \neq 1$ 时，$C\ell_{p,q}$的非零表示都是忠实的.

证明　当（$\varepsilon\boldsymbol{\omega}$）$^2 \neq 1$ 时，（$\varepsilon\boldsymbol{\omega}$）$^2=0$ 或（$\varepsilon\boldsymbol{\omega}$）$^2=-1$. 当（$\varepsilon\boldsymbol{\omega}$）$^2=0$ 时，$p+q$为偶数. 此时 $\mathrm{Cen}(C\ell_{p,q}) \simeq \mathbb{R}$ 是单代数，所

以 $C\ell_{p,q}$ 非零表示是忠实的．当 $(\varepsilon\boldsymbol{\omega})^2=-1$ 时，$p+q$ 为奇数且 $\boldsymbol{\omega}^2=-1$．此时 $\mathrm{Cen}(C\ell_{p,q})\simeq\mathbb{C}$ 是单代数，所以 $C\ell_{p,q}$ 非零表示是忠实的．

为讨论 $(\varepsilon\boldsymbol{\omega})^2=1$ 时 $C\ell_{p,q}$ 的表示，我们先给出以下结论．

引理 3.2　$(\varepsilon\boldsymbol{\omega})^2=1$ 的充要条件是 $C\ell_{p,q}=(\boldsymbol{u})\oplus(\boldsymbol{v})$，$\boldsymbol{u}=\dfrac{1+\boldsymbol{\omega}}{2}$，$\boldsymbol{v}=\dfrac{1-\boldsymbol{\omega}}{2}$.

证明　(1) 必要性．当 $(\varepsilon\boldsymbol{\omega})^2=1$ 时，$\varepsilon=1$，$\boldsymbol{\omega}^2=1$．此时 $\boldsymbol{u}=\dfrac{1+\boldsymbol{\omega}}{2}$，$\boldsymbol{v}=\dfrac{1-\boldsymbol{\omega}}{2}$ 是中心幂等元，显然 $C\ell_{p,q}=(\boldsymbol{u})+(\boldsymbol{v})$．由于 $\boldsymbol{uv}=0$，所以 $(\boldsymbol{u})\cap(\boldsymbol{v})=0$. 因此 $C\ell_{p,q}=(\boldsymbol{u})\oplus(\boldsymbol{v})$．

(2) 充分性．当 $C\ell_{p,q}=(\boldsymbol{u})\oplus(\boldsymbol{v})$ 时，$\boldsymbol{uv}=0$，即 $\boldsymbol{uv}=\dfrac{1+\boldsymbol{\omega}}{2}\cdot\dfrac{1-\boldsymbol{\omega}}{2}=0$. 因此 $\boldsymbol{\omega}^2=1$，$\varepsilon=1$. 这样就证得结论．

通过上面的引理可知，当 $(\varepsilon\boldsymbol{\omega})^2=1$ 时，$C\ell_{p,q}$ 只有两个非平凡理想 $(\boldsymbol{u})$ 和 $(\boldsymbol{v})$，由于 $(\boldsymbol{u})\simeq(\boldsymbol{v})$，因此 $C\ell_{p,q}$ 的非平凡表示在同构意义下只有一类．

通过前面的讨论得出以下引理．

引理 3.3　令 $\boldsymbol{u}=\dfrac{1+\boldsymbol{\omega}}{2}$，$\boldsymbol{v}=\dfrac{1-\boldsymbol{\omega}}{2}$. 当 $(\varepsilon\boldsymbol{\omega})^2=1$ 时，$C\ell_{p,q}$ 只有以下两个非平凡自同态：

$$\varphi: C\ell_{p,q}\to C\ell_{p,q}, \boldsymbol{a}\mapsto \boldsymbol{ua}, \forall\, \boldsymbol{a}\in C\ell_{p,q},$$

$$\psi: C\ell_{p,q}\to C\ell_{p,q}, \boldsymbol{a}\mapsto \boldsymbol{va}, \forall\, \boldsymbol{a}\in C\ell_{p,q}.$$

通过引理 3.3，可以得到以下正合序列的交换图：

$$\begin{array}{ccccccccc} 0 & \longrightarrow & (\boldsymbol{u}) & \xrightarrow{f_1} & C\ell_{p,q} & \xrightarrow{g_1} & (\boldsymbol{v}) & \longrightarrow & 0 \\ & & \alpha\downarrow & & \beta\downarrow & & \gamma\downarrow & & \\ 0 & \longrightarrow & (\boldsymbol{v}) & \xrightarrow{f_2} & C\ell_{p,q} & \xrightarrow{g_2} & (\boldsymbol{u}) & \longrightarrow & 0 \end{array}$$

其中，f_1，f_2为自然嵌入映射；α，β，γ 为自然同构映射；g_1：$\boldsymbol{a}\mapsto\boldsymbol{va}$，$g_2$：$\boldsymbol{a}\mapsto\boldsymbol{ua}$.

通过引理 3.1 和引理 3.3 可以得到以下定理.

定理 3.1 对于非负整数 p，q，任取 $F\in\mathrm{End}(C\ell_{p,q})$，则 F 在 $\mathrm{Cen}(C\ell_{p,q})$ 上的限制映射 $f\in\mathrm{End}(\mathrm{Cen}(C\ell_{p,q}))$ 满足

$$F(C\ell_{p,q})\simeq F(\otimes^{k-\delta}C\ell_{1,1}\otimes\mathrm{Cen}(C\ell_{p,q})\otimes^{\delta}C\ell_{0,2})\simeq\otimes^{k-\delta}C\ell_{1,1}\otimes^{\delta}C\ell_{0,2}\otimes f(\mathrm{Cen}(C\ell_{p,q})),$$

其中 $p+q\equiv\varepsilon \bmod 2$，$k=[(p+q)-\varepsilon]/2$，$p-|q-\varepsilon|\equiv i \bmod 8$，$\delta=\lfloor i/4\rfloor$.

从上述定理可以得到以下交换图：

$$\begin{array}{ccc} C\ell_{p,q} & \xrightarrow{\chi_1} & \mathrm{End}(C\ell_{p,q}) \\ p_1\downarrow & & p_2\downarrow \\ \mathrm{Cen}(C\ell_{p,q}) & \xrightarrow{\chi_2} & \mathrm{End}(\mathrm{Cen}(C\ell_{p,q})) \end{array}$$

其中，p_1，p_2为投射；χ_1，χ_2是代数同态映射.

3.2 $C\ell_{p,q}$（$p+q=3$）的实矩阵表示

由于当 $p+q$ 为偶数时，实 Clifford 代数 $C\ell_{p,q}$的所有非零实矩阵表示都是忠实的，所以我们把重点放在 $p+q$ 为奇数时 $C\ell_{p,q}$的实矩阵表示. 当 $p+q$ 为奇数时，我们只需研究 $p+q=3$ 时的实矩阵表

示，这样根据式（2.14）可以得到 $C\ell_{p,q}$的实矩阵表示.

当 $p+q=3$ 时，实 Clifford 代数 $C\ell_{p,q}$有下列四种形式：

$$C\ell_{0,3},C\ell_{1,2},C\ell_{2,1},C\ell_{3,0}.$$

因为 $C\ell_{1,2}\simeq C\ell_{3,0}$，所以当 $p+q=3$ 时，只讨论

$$C\ell_{0,3},C\ell_{2,1},C\ell_{3,0}.$$

3.2.1 $C\ell_{0,3}$的实矩阵表示

我们通过实 Clifford 代数 $C\ell_{0,3}$基元给出 $C\ell_{0,3}$忠实的实矩阵表示.

根据式（2.14）可以算出

$$C\ell_{0,3}\simeq C\ell_{0,2}\otimes \mathrm{Cen}(C\ell_{0,3})\simeq \mathbb{H}\otimes H\simeq\langle \boldsymbol{e}_1,\boldsymbol{e}_2\rangle\otimes\langle \boldsymbol{e}_{123}\rangle.$$

由上面的公式给出基元的乘法表如下：

$\otimes$	1	$\boldsymbol{e}_{123}$
1	$1\otimes 1$	$1\otimes\boldsymbol{e}_{123}$
$\boldsymbol{e}_1$	$\boldsymbol{e}_1\otimes 1$	$\boldsymbol{e}_1\otimes\boldsymbol{e}_{123}$
$\boldsymbol{e}_2$	$\boldsymbol{e}_2\otimes 1$	$\boldsymbol{e}_2\otimes\boldsymbol{e}_{123}$
$\boldsymbol{e}_{12}$	$\boldsymbol{e}_{12}\otimes 1$	$\boldsymbol{e}_{12}\otimes\boldsymbol{e}_{123}$

令

$$\varphi_1:\langle \boldsymbol{e}_{123}\rangle\to\mathrm{Mat}(2,\mathbb{R}),$$

$$\boldsymbol{e}_{123}\mapsto\begin{pmatrix}1 & 0\\ 0 & -1\end{pmatrix}=\boldsymbol{B},$$

$$\psi_1:\langle \boldsymbol{e}_1,\boldsymbol{e}_2\rangle\to\mathrm{Mat}(4,\mathbb{R}),$$

$$\boldsymbol{e}_1 \mapsto \begin{pmatrix} 0 & -1 & 0 & 0 \\ 1 & 0 & 0 & 0 \\ 0 & 0 & 0 & -1 \\ 0 & 0 & 1 & 0 \end{pmatrix} = \boldsymbol{C}_1, \boldsymbol{e}_2 \mapsto \begin{pmatrix} 0 & 0 & -1 & 0 \\ 0 & 0 & 0 & 1 \\ 1 & 0 & 0 & 0 \\ 0 & -1 & 0 & 0 \end{pmatrix} = \boldsymbol{C}_2.$$

设 $\boldsymbol{I}_n$ 为 n 阶单位矩阵，从而可得 $C\ell_{0,3}$ 基元对应的矩阵张量积乘法表如下：

$\otimes$	$\boldsymbol{I}_2$	$\boldsymbol{B}$
$\boldsymbol{I}_4$	$\boldsymbol{I}_8$	$\boldsymbol{I}_4 \otimes \boldsymbol{B}$
$\boldsymbol{C}_1$	$\boldsymbol{C}_1 \otimes \boldsymbol{I}_2$	$\boldsymbol{C}_1 \otimes \boldsymbol{B}$
$\boldsymbol{C}_2$	$\boldsymbol{C}_2 \otimes \boldsymbol{I}_2$	$\boldsymbol{C}_2 \otimes \boldsymbol{B}$
$\boldsymbol{C}_{12}$	$\boldsymbol{C}_{12} \otimes \boldsymbol{I}_2$	$\boldsymbol{C}_{12} \otimes \boldsymbol{B}$

再由矩阵张量积运算可得乘法表如下：

$\otimes$	$\boldsymbol{I}_2$	$\boldsymbol{B}$
$\boldsymbol{I}_4$	$\boldsymbol{I}_8$	$\begin{pmatrix} \boldsymbol{I}_4 & 0 \\ 0 & -\boldsymbol{I}_4 \end{pmatrix}$
$\boldsymbol{C}_1$	$\begin{pmatrix} \boldsymbol{C}_1 & 0 \\ 0 & \boldsymbol{C}_1 \end{pmatrix}$	$\begin{pmatrix} \boldsymbol{C}_1 & 0 \\ 0 & -\boldsymbol{C}_1 \end{pmatrix}$
$\boldsymbol{C}_2$	$\begin{pmatrix} \boldsymbol{C}_2 & 0 \\ 0 & \boldsymbol{C}_2 \end{pmatrix}$	$\begin{pmatrix} \boldsymbol{C}_2 & 0 \\ 0 & -\boldsymbol{C}_2 \end{pmatrix}$
$\boldsymbol{C}_{12}$	$\begin{pmatrix} \boldsymbol{C}_{12} & 0 \\ 0 & \boldsymbol{C}_{12} \end{pmatrix}$	$\begin{pmatrix} \boldsymbol{C}_{12} & 0 \\ 0 & -\boldsymbol{C}_{12} \end{pmatrix}$

令

$$A_1^1 = C_1 \otimes I_2, A_2^1 = C_2 \otimes I_2, A_{123}^1 = I_4 \otimes B,$$

$$A_3^1 = A_2^1 A_1^1 A_{123}^1 = -A_{12}^1 A_{123}^1.$$

因为

$$C\ell_{0,3} = \langle e_1, e_2 \rangle \langle e_{123} \rangle = \langle e_1, e_2, e_3 \rangle,$$

所以

$$\rho_1 : C\ell_{0,3} \to \mathrm{Mat}(8, \mathbb{R}),$$

$$e_k \mapsto A_k^1, k \in \{1,2,3\}$$

为 $C\ell_{0,3}$的一个忠实的实矩阵表示．因此有：

定理 3.2

$$C\ell_{0,3} \simeq \{ \sum_{\alpha} a_\alpha A_\alpha^1 \mid \alpha \in \{0,1,2,3,12,13,23,123\}, A_0^1 = I_8 \}$$

$$= \left\{ \begin{pmatrix} M_1 & 0 \\ 0 & N_1 \end{pmatrix} \right\}, \tag{3.1}$$

其中 M_1，N_1是如下形式的矩阵：

$$M_1 = \begin{pmatrix} a_0 + a_{123} & -a_1 - a_{23} & -a_2 - a_{13} & a_3 - a_{12} \\ a_1 + a_{23} & a_0 + a_{123} & a_3 - a_{12} & a_2 + a_{13} \\ a_2 + a_{13} & -a_3 + a_{12} & a_0 + a_{123} & -a_1 - a_{23} \\ -a_3 + a_{12} & -a_2 - a_{13} & a_1 + a_{23} & a_0 + a_{123} \end{pmatrix},$$

$$N_1 = \begin{pmatrix} a_0 - a_{123} & -a_1 + a_{23} & -a_2 + a_{13} & -a_3 - a_{12} \\ a_1 - a_{23} & a_0 - a_{123} & -a_3 - a_{12} & a_2 - a_{13} \\ a_2 - a_{13} & a_3 + a_{12} & a_0 - a_{123} & -a_1 + a_{23} \\ a_3 + a_{12} & -a_2 + a_{13} & a_1 - a_{23} & a_0 - a_{123} \end{pmatrix}.$$

接下来，阐明 $C\ell_{0,3}$ 的忠实实矩阵表示之间的关系．$C\ell_{0,3}$ 的忠实实矩阵表示有很多个，例如，令

$$\varphi_1':\langle \boldsymbol{e}_{123}\rangle \to \mathrm{Mat}(2,\mathbb{R}),$$

$$\boldsymbol{e}_{123}\mapsto \begin{pmatrix} 0 & 1 \\ 1 & 0 \end{pmatrix} = \boldsymbol{B},$$

$$\psi_1':\langle \boldsymbol{e}_1,\boldsymbol{e}_2\rangle \to \mathrm{Mat}(4,\mathbb{R}),$$

$$\boldsymbol{e}_1 \mapsto \begin{pmatrix} 0 & -1 & 0 & 0 \\ 1 & 0 & 0 & 0 \\ 0 & 0 & 0 & -1 \\ 0 & 0 & 1 & 0 \end{pmatrix} = \boldsymbol{C}_1, \boldsymbol{e}_2 \mapsto \begin{pmatrix} 0 & 0 & -1 & 0 \\ 0 & 0 & 0 & 1 \\ 1 & 0 & 0 & 0 \\ 0 & -1 & 0 & 0 \end{pmatrix} = \boldsymbol{C}_2.$$

依照前面的方法得到的 $C\ell_{0,3}$ 的实矩阵表示也是忠实的．曹文胜[45,46]和 Lee 与 Song[48]给出的 $C\ell_{0,3}$ 的实矩阵表示都是忠实的，虽然它们的形式不同，但是它们是等价的，即在式（3.1）中令

$$\left\{\begin{pmatrix} \boldsymbol{M}_1 & \boldsymbol{0} \\ \boldsymbol{0} & \boldsymbol{N}_1 \end{pmatrix}\right\} = \boldsymbol{\Omega}_1,$$

则

$$\mathrm{GL}_8(\mathbb{R}) \times \boldsymbol{\Omega}_1 \to \boldsymbol{\Omega}_1,$$

$$(g,x) \mapsto gxg^{-1}$$

是一个同构．

接下来我们通过实 Clifford 代数 $C\ell_{0,3}$ 基元给出 $C\ell_{0,3}$ 的非平凡的实矩阵表示．

令 $\boldsymbol{u} = \dfrac{1+\boldsymbol{e}_{123}}{2}$，由于

$$\phi_1:\ C\ell_{0,3}\to C\ell_{0,3},$$
$$\boldsymbol{a}\mapsto \boldsymbol{ua},\quad \forall\, \boldsymbol{a}\in C\ell_{0,3}$$

是 $C\ell_{0,3}$ 的一个非平凡同态，且 $\mathrm{Im}(\phi_1)=\boldsymbol{u}C\ell_{0,3}=(\boldsymbol{u})\simeq \boldsymbol{u}\otimes C\ell_{0,2}$，因此 $C\ell_{0,3}$的非平凡矩阵表示的基元如下：

$\otimes$	$\boldsymbol{U}$
$\boldsymbol{I}_4$	$\boldsymbol{I}_4\otimes\boldsymbol{U}$
$\boldsymbol{C}_1$	$\boldsymbol{C}_1\otimes\boldsymbol{U}$
$\boldsymbol{C}_2$	$\boldsymbol{C}_2\otimes\boldsymbol{U}$
$\boldsymbol{C}_{12}$	$\boldsymbol{C}_{12}\otimes\boldsymbol{U}$

其中

$$\boldsymbol{U}=\frac{1}{2}\left(\begin{pmatrix}1&0\\0&1\end{pmatrix}+\begin{pmatrix}1&0\\0&-1\end{pmatrix}\right)=\begin{pmatrix}1&0\\0&0\end{pmatrix}.$$

由此可以得到 $C\ell_{0,3}$的非平凡实矩阵表示是一个 2×2 的分块矩阵，分块矩阵的左上角是一个 4×4 的四元数矩阵，其余元素都是 4×4的零矩阵，于是有它的矩阵表示：

$$\boldsymbol{U}\otimes\langle \boldsymbol{C}_1,\boldsymbol{C}_2\rangle\simeq\langle \boldsymbol{C}_1,\boldsymbol{C}_2\rangle\simeq C\ell_{0,2}\simeq\mathbb{H}.$$

对于 $C\ell_{0,3}$的另一非平凡同态

$$\phi_1':C\ell_{0,3}\to C\ell_{0,3},$$
$$\boldsymbol{a}\mapsto \boldsymbol{va},\ \forall\, \boldsymbol{a}\in C\ell_{0,3},$$

其中 $\boldsymbol{v}=\dfrac{1-\boldsymbol{e}_{123}}{2}$，可以得到类似结论.

3.2.2 $C\ell_{2,1}$的实矩阵表示

我们通过实 Clifford 代数 $C\ell_{2,1}$基元给出 $C\ell_{2,1}$的忠实的实矩阵

表示.

由于

$$C\ell_{2,1}\simeq C\ell_{1,1}\otimes C\ell_{1,0}\simeq \mathrm{Mat}(2,\mathbb{R})\otimes H\simeq\langle \boldsymbol{e}_1,\boldsymbol{e}_2\rangle\otimes\langle \boldsymbol{e}_{123}\rangle,$$

由上面的公式给出基元的乘法表如下：

$\otimes$	1	$\boldsymbol{e}_{123}$
1	$1\otimes 1$	$1\otimes\boldsymbol{e}_{123}$
$\boldsymbol{e}_1$	$\boldsymbol{e}_1\otimes 1$	$\boldsymbol{e}_1\otimes\boldsymbol{e}_{123}$
$\boldsymbol{e}_2$	$\boldsymbol{e}_2\otimes 1$	$\boldsymbol{e}_2\otimes\boldsymbol{e}_{123}$
$\boldsymbol{e}_{12}$	$\boldsymbol{e}_{12}\otimes 1$	$\boldsymbol{e}_{12}\otimes\boldsymbol{e}_{123}$

令

$$\varphi_2:\langle \boldsymbol{e}_{123}\rangle\to\mathrm{Mat}(2,\mathbb{R}),$$

$$\boldsymbol{e}_{123}\mapsto\begin{pmatrix}1 & 0\\ 0 & -1\end{pmatrix}=\boldsymbol{B},$$

$$\psi_2:\langle \boldsymbol{e}_1,\boldsymbol{e}_2\rangle\to\mathrm{Mat}(2,\mathbb{R}),$$

$$\boldsymbol{e}_1\mapsto\begin{pmatrix}1 & 0\\ 0 & -1\end{pmatrix}=\boldsymbol{D}_1,\boldsymbol{e}_2\mapsto\begin{pmatrix}0 & 1\\ 1 & 0\end{pmatrix}=\boldsymbol{D}_2.$$

从而可得 $C\ell_{2,1}$ 的基元对应的矩阵张量积乘法表如下：

$\otimes$	$\boldsymbol{I}_2$	$\boldsymbol{B}$
$\boldsymbol{I}_2$	$\boldsymbol{I}_4$	$\boldsymbol{I}_2\otimes\boldsymbol{B}$
$\boldsymbol{D}_1$	$\boldsymbol{D}_1\otimes\boldsymbol{I}_2$	$\boldsymbol{D}_1\otimes\boldsymbol{B}$
$\boldsymbol{D}_2$	$\boldsymbol{D}_2\otimes\boldsymbol{I}_2$	$\boldsymbol{D}_2\otimes\boldsymbol{B}$
$\boldsymbol{D}_{12}$	$\boldsymbol{D}_{12}\otimes\boldsymbol{I}_2$	$\boldsymbol{D}_{12}\otimes\boldsymbol{B}$

再由矩阵张量积运算可得乘法表如下：

$\otimes$	$\boldsymbol{I}_2$	$\boldsymbol{B}$
$\boldsymbol{I}_2$	$\boldsymbol{I}_4$	$\begin{pmatrix}\boldsymbol{I}_2 & 0\\ 0 & -\boldsymbol{I}_2\end{pmatrix}$
$\boldsymbol{D}_1$	$\begin{pmatrix}\boldsymbol{D}_1 & 0\\ 0 & \boldsymbol{D}_1\end{pmatrix}$	$\begin{pmatrix}\boldsymbol{D}_1 & 0\\ 0 & -\boldsymbol{D}_1\end{pmatrix}$
$\boldsymbol{D}_2$	$\begin{pmatrix}\boldsymbol{D}_2 & 0\\ 0 & \boldsymbol{D}_2\end{pmatrix}$	$\begin{pmatrix}\boldsymbol{D}_2 & 0\\ 0 & -\boldsymbol{D}_2\end{pmatrix}$
$\boldsymbol{D}_{12}$	$\begin{pmatrix}\boldsymbol{D}_{12} & 0\\ 0 & \boldsymbol{D}_{12}\end{pmatrix}$	$\begin{pmatrix}\boldsymbol{D}_{12} & 0\\ 0 & -\boldsymbol{D}_{12}\end{pmatrix}$

令

$$\boldsymbol{A}_1^2=\boldsymbol{D}_1\otimes\boldsymbol{I}_2,\boldsymbol{A}_2^2=\boldsymbol{D}_2\otimes\boldsymbol{I}_2,\boldsymbol{A}_{123}^2=\boldsymbol{I}_2\otimes\boldsymbol{B},$$

$$\boldsymbol{A}_3^2=\boldsymbol{A}_2^2\boldsymbol{A}_1^2\boldsymbol{A}_{123}^2=-\boldsymbol{A}_{12}^2\boldsymbol{A}_{123}^2.$$

因为

$$C\ell_{2,1}=\langle\boldsymbol{e}_1,\boldsymbol{e}_2\rangle\langle\boldsymbol{e}_{123}\rangle=\langle\boldsymbol{e}_1,\boldsymbol{e}_2,\boldsymbol{e}_3\rangle,$$

所以

$$\rho_2:C\ell_{2,1}\rightarrow\mathrm{Mat}(4,\mathbb{R}),$$

$$\boldsymbol{e}_k\mapsto\boldsymbol{A}_k^2,k\in\{1,2,3\}$$

为 $C\ell_{2,1}$ 的一个忠实的实矩阵表示. 因此有:

定理 3.3

$$C\ell_{2,1}\simeq\{\sum_\alpha a_\alpha\boldsymbol{A}_\alpha^2\mid\alpha\in\{0,1,2,3,12,13,23,123\},\boldsymbol{A}_0^2=\boldsymbol{I}_4\}$$
$$=\left\{\begin{pmatrix}\boldsymbol{M}_2 & \boldsymbol{0}\\ \boldsymbol{0} & \boldsymbol{N}_2\end{pmatrix}\right\}, \tag{3.2}$$

其中 $\boldsymbol{M}_2$，$\boldsymbol{N}_2$是如下形式的矩阵：

$$\boldsymbol{M}_2=\begin{pmatrix} a_0+a_1+a_{23}+a_{123} & a_2-a_3+a_{12}-a_{13} \\ a_2+a_3-a_{12}-a_{13} & a_0-a_1-a_{23}+a_{123} \end{pmatrix},$$

$$\boldsymbol{N}_2=\begin{pmatrix} a_0+a_1-a_{23}-a_{123} & a_2+a_3+a_{12}+a_{13} \\ a_2-a_3-a_{12}+a_{13} & a_0-a_1+a_{23}-a_{123} \end{pmatrix}.$$

接下来我们通过实 Clifford 代数 $C\ell_{2,1}$基元给出 $C\ell_{2,1}$的非平凡的实矩阵表示.

令 $\boldsymbol{u}=\frac{1+\boldsymbol{e}_{123}}{2}$，由于

$$\phi_2: C\ell_{2,1}\rightarrow C\ell_{2,1},$$

$$\boldsymbol{a}\mapsto \boldsymbol{ua}, \forall \boldsymbol{a}\in C\ell_{2,1}$$

是 $C\ell_{2,1}$的一个非平凡同态，且 $\mathrm{Im}(\phi_2)=\boldsymbol{u}C\ell_{2,1}=(\boldsymbol{u})\simeq \boldsymbol{u}\otimes \mathrm{Mat}(2,\mathbb{R})$，

可得 $C\ell_{2,1}$的非平凡实矩阵表示基元如下：

$\otimes$	$\boldsymbol{U}$
$\boldsymbol{I}_2$	$\boldsymbol{I}_2\otimes\boldsymbol{U}$
$\boldsymbol{D}_1$	$\boldsymbol{D}_1\otimes\boldsymbol{U}$
$\boldsymbol{D}_2$	$\boldsymbol{D}_2\otimes\boldsymbol{U}$
$\boldsymbol{D}_{12}$	$\boldsymbol{D}_{12}\otimes\boldsymbol{U}$

其中

$$\boldsymbol{U}=\frac{1}{2}\left(\begin{pmatrix}1&0\\0&1\end{pmatrix}+\begin{pmatrix}1&0\\0&-1\end{pmatrix}\right)=\begin{pmatrix}1&0\\0&0\end{pmatrix}.$$

由此可以得到 $C\ell_{2,1}$的非平凡实矩阵表示是一个 2×2 的分块矩

阵，分块矩阵的左上角是一个 2 ×2 的实矩阵，其余元素都是 2 ×2 的零矩阵，于是有它的矩阵表示：

$$\boldsymbol{U}\otimes\langle \boldsymbol{D}_1,\boldsymbol{D}_2\rangle \simeq \langle \boldsymbol{D}_1,\boldsymbol{D}_2\rangle \simeq \mathrm{Mat}(2,\mathbb{R}).$$

对于 $C\ell_{2,1}$的另一非平凡同态

$$\phi_2':C\ell_{2,1}\to C\ell_{2,1},$$

$$\boldsymbol{a}\mapsto \boldsymbol{va},\ \forall\,\boldsymbol{a}\in C\ell_{2,1},$$

其中 $\boldsymbol{v}=\dfrac{1-\boldsymbol{e}_{123}}{2}$，可以得到类似结论.

3.2.3 $C\ell_{3,0}$的实矩阵表示

我们通过实 Clifford 代数 $C\ell_{3,0}$基元给出 $C\ell_{3,0}$的忠实的实矩阵表示. 根据式（2.14）可以算出

$$C\ell_{3,0}\simeq C\ell_{1,1}\otimes\mathrm{Cen}(C\ell_{3,0})\simeq \mathrm{Mat}(2,\mathbb{R})\otimes\mathbb{C}\simeq\langle \boldsymbol{e}_1,\boldsymbol{e}_2\rangle\otimes\langle \boldsymbol{e}_{123}\rangle,$$

由上面的公式给出基元的乘法表如下：

$\otimes$	1	$\boldsymbol{e}_{123}$
1	$1\otimes 1$	$1\otimes\boldsymbol{e}_{123}$
$\boldsymbol{e}_1$	$\boldsymbol{e}_1\otimes 1$	$\boldsymbol{e}_1\otimes\boldsymbol{e}_{123}$
$\boldsymbol{e}_2$	$\boldsymbol{e}_2\otimes 1$	$\boldsymbol{e}_2\otimes\boldsymbol{e}_{123}$
$\boldsymbol{e}_{12}$	$\boldsymbol{e}_{12}\otimes 1$	$\boldsymbol{e}_{12}\otimes\boldsymbol{e}_{123}$

令

$$\varphi_3:\langle \boldsymbol{e}_{123}\rangle\to\mathrm{Mat}(2,\mathbb{R}),$$

$$\boldsymbol{e}_{123}\mapsto\begin{pmatrix}0 & -1\\ 1 & 0\end{pmatrix}=\boldsymbol{B}_1,$$

$$\psi_3:\langle \boldsymbol{e}_1,\boldsymbol{e}_2\rangle \to \mathrm{Mat}(2,\mathbb{R}),$$

$$\boldsymbol{e}_1 \mapsto \begin{pmatrix}1 & 0\\ 0 & -1\end{pmatrix} = \boldsymbol{E}_1,\boldsymbol{e}_2 \mapsto \begin{pmatrix}0 & 1\\ 1 & 0\end{pmatrix} = \boldsymbol{E}_2.$$

从而可得 $C\ell_{3,0}$的基元对应的矩阵张量积乘法表如下：

$\otimes$	$\boldsymbol{I}_2$	$\boldsymbol{B}_1$
$\boldsymbol{I}_2$	$\boldsymbol{I}_4$	$\boldsymbol{I}_2\otimes\boldsymbol{B}_1$
$\boldsymbol{E}_1$	$\boldsymbol{E}_1\otimes\boldsymbol{I}_2$	$\boldsymbol{E}_1\otimes\boldsymbol{B}_1$
$\boldsymbol{E}_2$	$\boldsymbol{E}_2\otimes\boldsymbol{I}_2$	$\boldsymbol{E}_2\otimes\boldsymbol{B}_1$
$\boldsymbol{E}_{12}$	$\boldsymbol{E}_{12}\otimes\boldsymbol{I}_2$	$\boldsymbol{E}_{12}\otimes\boldsymbol{B}_1$

再由矩阵张量积运算可得乘法表如下：

$\otimes$	$\boldsymbol{I}_2$	$\boldsymbol{B}_1$
$\boldsymbol{I}_2$	$\boldsymbol{I}_4$	$\begin{pmatrix}0 & -\boldsymbol{I}_2\\ \boldsymbol{I}_2 & 0\end{pmatrix}$
$\boldsymbol{E}_1$	$\begin{pmatrix}\boldsymbol{E}_1 & 0\\ 0 & \boldsymbol{E}_1\end{pmatrix}$	$\begin{pmatrix}0 & -\boldsymbol{E}_1\\ \boldsymbol{E}_1 & 0\end{pmatrix}$
$\boldsymbol{E}_2$	$\begin{pmatrix}\boldsymbol{E}_2 & 0\\ 0 & \boldsymbol{E}_2\end{pmatrix}$	$\begin{pmatrix}0 & -\boldsymbol{E}_2\\ \boldsymbol{E}_2 & 0\end{pmatrix}$
$\boldsymbol{E}_{12}$	$\begin{pmatrix}\boldsymbol{E}_{12} & 0\\ 0 & \boldsymbol{E}_{12}\end{pmatrix}$	$\begin{pmatrix}0 & -\boldsymbol{E}_{12}\\ \boldsymbol{E}_{12} & 0\end{pmatrix}$

令

$$\boldsymbol{A}_1^3=\boldsymbol{E}_1\otimes\boldsymbol{I}_2,\boldsymbol{A}_2^3=\boldsymbol{E}_2\otimes\boldsymbol{I}_2,\boldsymbol{A}_{123}^3=\boldsymbol{I}_2\otimes\boldsymbol{B}_1,$$

$$\boldsymbol{A}_3^3=\boldsymbol{A}_2^3\boldsymbol{A}_1^3\boldsymbol{A}_{123}^3=-\boldsymbol{A}_{12}^3\boldsymbol{A}_{123}^3.$$

因为

$$C\ell_{3,0}=\langle \boldsymbol{e}_1,\boldsymbol{e}_2\rangle\langle \boldsymbol{e}_{123}\rangle=\langle \boldsymbol{e}_1,\boldsymbol{e}_2,\boldsymbol{e}_3\rangle,$$

所以

$$\rho_3: C\ell_{3,0}\to \mathrm{Mat}(4,\mathbb{R}),$$
$$\boldsymbol{e}_k\mapsto \boldsymbol{A}_k^3, k\in\{1,2,3\}$$

为 $C\ell_{3,0}$的一个忠实的实矩阵表示．因此有：

定理 3.4

$$C\ell_{3,0}\simeq\{\sum_{\alpha}a_\alpha \boldsymbol{A}_\alpha^3 \mid \alpha\in\{0,1,2,3,12,13,23,123\},\boldsymbol{A}_0^3=\boldsymbol{I}_4\}$$
$$=\left\{\begin{pmatrix} a_0+a_1 & a_2+a_{12} & -a_{23}-a_{123} & a_3+a_{13} \\ a_2-a_{12} & a_0-a_1 & -a_3+a_{13} & a_{23}-a_{123} \\ a_{23}+a_{123} & -a_3-a_{13} & a_0+a_1 & a_2+a_{12} \\ a_3-a_{13} & -a_{23}+a_{123} & a_2-a_{12} & a_0-a_1 \end{pmatrix}\right\}. \tag{3.3}$$

因为

$$C\ell_{3,0}\simeq\mathbb{C}\otimes\mathbb{H},C\ell_{3,0}\simeq\langle \boldsymbol{e}_{123}\rangle\otimes\langle \boldsymbol{e}_1,\boldsymbol{e}_2\rangle,\langle \boldsymbol{e}_1,\boldsymbol{e}_2\rangle\simeq\mathrm{Mat}(2,\mathbb{R}),$$

所以，虽然$\mathbb{H}$作为可除代数不与非可除代数 Mat(2，$\mathbb{R}$) 同构，但

$$C\ell_{3,0}\simeq\mathbb{C}\otimes\mathbb{H}\simeq\mathbb{C}\otimes\mathrm{Mat}(2,\mathbb{R}).$$

前面我们利用 $C\ell_{3,0}\simeq\mathrm{Mat}(2,\mathbb{R})\otimes\mathbb{C}$ 找到 $C\ell_{3,0}$的实矩阵表示，也可以利用 $C\ell_{3,0}\simeq\mathbb{H}\otimes\mathbb{C}$ 来找到 $C\ell_{3,0}$的另一个实矩阵表示. Lee 与 Song[49]也给出了 $C\ell_{3,0}$的一个实矩阵表示．由于 $C\ell_{3,0}$是单代数，因此 $C\ell_{3,0}$的所有实矩阵表示都是忠实的．

4　实 Clifford 代数单位群

本章内容分为三部分．第 4.1 节通过第 3 章的结论导出实 Clifford 代数的单位群的矩阵表示；第 4.2 节根据实 Clifford 代数的三种对合给出了 $C\ell_{p,q}^{*}$（$p+q=3$）的元素及实矩阵表示；第 4.3 节利用 Clifford 群 $\Gamma_{p,q}$ 与 $\mathbb{R}^{p,q}$ 基元的关系，刻画了 Clifford 群 $\Gamma_{p,q}$ 的三个子集的关系．

4.1　实 Clifford 代数单位群的矩阵表示

第 2 章与第 3 章研究了实 Clifford 代数的张量积与表示，接下来探讨实 Clifford 代数的单位群（可逆元构成的群）$C\ell_{p,q}^{*}$ 的矩阵表示．

根据定理 2.1 易知下面引理．

引理 4.1　令 $p+q=2k$，则实 Clifford 代数 $C\ell_{p,q}$ 的单位群 $C\ell_{p,q}^{*}$ 有如下结论：

$$C\ell_{p,q}^{*} \simeq \begin{cases} \mathrm{GL}(2^{k},\mathbb{R}), & \delta=0, \\ \mathrm{GL}(2^{k-1},\mathbb{H}), & \delta=1, \end{cases} \tag{4.1}$$

其中 $p-q\equiv i \bmod 8$，$\delta=\lfloor i/4 \rfloor$.

引理 4.2 令 $p+q=2k+1$ 且 $\mathrm{Cen}(C\ell_{p,q}) \simeq \mathbb{C}$，则实 Clifford 代数 $C\ell_{p,q}$的单位群为

$$C\ell_{p,q}^{*} \simeq \mathrm{GL}(2^{k}, \mathbb{C}), \tag{4.2}$$

其中 $p-|q-1| \equiv i \bmod 8$，$\delta=\lfloor i/4 \rfloor$.

证明 由定理 2.2 知，

$$C\ell_{p,q} \simeq \otimes^{k-\delta} C\ell_{1,1} \otimes \mathrm{Cen}(C\ell_{p,q}) \otimes^{\delta} C\ell_{0,2}, \delta \in \{0,1\}.$$

当 $\delta=0$ 时，

$$\begin{aligned} C\ell_{p,q} &\simeq \otimes^{k} C\ell_{1,1} \otimes \mathrm{Cen}(C\ell_{p,q}) \\ &\simeq \otimes^{k} C\ell_{1,1} \otimes \mathbb{C} \\ &\simeq \mathrm{Mat}(2^{k}, \mathbb{C}). \end{aligned}$$

当 $\delta=1$ 时，

$$\begin{aligned} C\ell_{p,q} &\simeq \otimes^{k-1} C\ell_{1,1} \otimes \mathrm{Cen}(C\ell_{p,q}) \otimes C\ell_{0,2} \\ &\simeq \otimes^{k-1} C\ell_{1,1} \otimes (\mathbb{C} \otimes \mathbb{H}) \\ &\simeq \otimes^{k-1} C\ell_{1,1} \otimes (\mathbb{C} \otimes \mathrm{Mat}(2, \mathbb{R})) \\ &\simeq \mathrm{Mat}(2^{k}, \mathbb{C}). \end{aligned}$$

因此有

$$C\ell_{p,q}^{*} \simeq \mathrm{GL}(2^{k}, \mathbb{C}).$$

引理 4.3 令 $p+q=2k+1$ 且 $\mathrm{Cen}(C\ell_{p,q}) \simeq \mathbb{R} \oplus \mathbb{R}$，则实 Clifford 代数 $C\ell_{p,q}$的单位群为

$$C\ell_{p,q}^{*} \simeq \mathrm{GL}(2^{k}, \mathbb{H}^{\delta} \oplus \mathbb{H}^{\delta}), \tag{4.3}$$

其中 $p-|q-1| \equiv i \bmod 8$，$\delta=\lfloor i/4 \rfloor$.

证明 由定理 2.2 知 $\delta \in \{0, 1\}$. 当 $\delta=0$ 时，

$$\begin{aligned} C\ell_{p,q} &\simeq \bigotimes^{k} C\ell_{1,1} \otimes \mathrm{Cen}(C\ell_{p,q}) \\ &\simeq \mathrm{Mat}(2^{k}, \mathbb{R} \oplus \mathbb{R}). \end{aligned}$$

当 $\delta=1$ 时，

$$\begin{aligned} C\ell_{p,q} &\simeq \bigotimes^{k-1} C\ell_{1,1} \otimes \mathrm{Cen}(C\ell_{p,q}) \otimes C\ell_{0,2} \\ &\simeq \mathrm{Mat}(2^{k-1}, \mathbb{H} \oplus \mathbb{H}). \end{aligned}$$

因此有

$$C\ell_{p,q} \simeq \mathrm{Mat}(2^{k-\delta}, \mathbb{H}^{\delta} \oplus \mathbb{H}^{\delta}),$$

其中当 $\delta=0$ 时，$\mathbb{H}^{\delta}=\mathbb{R}$.

于是得

$$C\ell_{p,q}^{*} \simeq \mathrm{GL}(2^{k-\delta}, \mathbb{H}^{\delta} \oplus \mathbb{H}^{\delta}).$$

通过引理 4.1、引理 4.2 和引理 4.3，我们给出本节主要定理如下：

定理 4.1

$$C\ell_{p,q}^{*} \simeq \begin{cases} \mathrm{GL}(2^{k}, \mathbb{H}^{\delta}), & \text{当 } p+q=2k \text{ 时}, \\ \mathrm{GL}(2^{k}, \mathbb{C}), & \text{当 } p+q=2k+1 \text{ 且 } \mathrm{Cen}(C\ell_{p,q}) \simeq \mathbb{C} \text{ 时}, \\ \mathrm{GL}(2^{k-\delta}, \mathbb{H}^{\delta} \oplus \mathbb{H}^{\delta}), & \text{当 } p+q=2k+1 \text{ 且 } \mathrm{Cen}(C\ell_{p,q}) \simeq \mathbb{R} \oplus \mathbb{R} \text{ 时}. \end{cases} \tag{4.4}$$

其中 $p+q \equiv \varepsilon \bmod 2$，$k=[(p+q)-\varepsilon]/2$，$p-|q-\varepsilon| \equiv i \bmod 8$，$\delta=\lfloor i/4 \rfloor$.

实 Clifford 代数 $C\ell_{p,q}$ 的扭群与旋群都是 $C\ell_{p,q}^{*}$ 的子群，通过对实 Clifford 代数 $C\ell_{p,q}$ 的单位群 $C\ell_{p,q}^{*}$ 的研究，我们可以进一步地研究实 Clifford 代数 $C\ell_{p,q}$ 的扭群与旋群等.

4.2 $C\ell_{p,q}^{*}$（$p+q=3$）及其矩阵表示

本节我们根据曹文胜[45,46]的方法，利用实 Clifford 代数的三种对合给出实 Clifford 代数 $C\ell_{p,q}$（$p+q=3$）的可逆元特点并给出可逆元群的矩阵表示．本节中的 $C\ell_{p,q}$ 均表示 $p+q=3$ 时的实 Clifford 代数.

任意 $\boldsymbol{a}\in C\ell_{p,q}$ 能够被唯一地分解成 k－向量部的和，即

$$\boldsymbol{a}=\langle\boldsymbol{a}\rangle_0+\langle\boldsymbol{a}\rangle_1+\langle\boldsymbol{a}\rangle_2+\langle\boldsymbol{a}\rangle_3.$$

对于任意

$$\boldsymbol{a}=\langle\boldsymbol{a}\rangle_0+\langle\boldsymbol{a}\rangle_1+\langle\boldsymbol{a}\rangle_2+\langle\boldsymbol{a}\rangle_3\in Cl_{p,q},$$

它的分次对合为

$$\hat{\boldsymbol{a}}=\langle\boldsymbol{a}\rangle_0-\langle\boldsymbol{a}\rangle_1+\langle\boldsymbol{a}\rangle_2-\langle\boldsymbol{a}\rangle_3,$$

它的反演为

$$\tilde{\boldsymbol{a}}=\langle\boldsymbol{a}\rangle_0+\langle\boldsymbol{a}\rangle_1-\langle\boldsymbol{a}\rangle_2-\langle\boldsymbol{a}\rangle_3,$$

它的 Clifford 共轭为

$$\bar{\boldsymbol{a}}=\hat{\tilde{\boldsymbol{a}}}=\langle\boldsymbol{a}\rangle_0-\langle\boldsymbol{a}\rangle_1-\langle\boldsymbol{a}\rangle_2+\langle\boldsymbol{a}\rangle_3.$$

定理 4.2

$$C\ell_{p,q}^{*}=\{\boldsymbol{a}\in C\ell_{p,q}\mid(\boldsymbol{a}\bar{\boldsymbol{a}})(\boldsymbol{a}\bar{\boldsymbol{a}})^{\wedge}\neq 0\}.$$

证明 对于任意

$$\boldsymbol{a}=a_0+a_1\boldsymbol{e}_1+a_2\boldsymbol{e}_2+a_{12}\boldsymbol{e}_{12}+a_3\boldsymbol{e}_3+a_{13}\boldsymbol{e}_{13}+a_{23}\boldsymbol{e}_{23}+a_{123}\boldsymbol{e}_{123}\in C\ell_{p,q},$$

有

$$\begin{aligned}a\bar{a} &= [(\langle a\rangle_0+\langle a\rangle_3)+(\langle a\rangle_1+\langle a\rangle_2)][(\langle a\rangle_0+\langle a\rangle_3)-(\langle a\rangle_1+\langle a\rangle_2)]\\ &=(\langle a\rangle_0+\langle a\rangle_3)^2-(\langle a\rangle_1+\langle a\rangle_2)^2\\ &=a_0^2+a_{123}^2e_{123}^2+2a_0a_{123}e_{123}-\\ &\quad[(a_1^2e_1^2+a_2^2e_2^2+a_3^2e_3^2+a_{12}^2e_{12}^2+a_{23}^2e_{23}^2+a_{13}^2e_{13}^2)+\\ &\quad 2(a_1a_{23}-a_2a_{13}+a_3a_{12})e_{123}]\\ &=[a_0^2-(a_1^2e_1^2+a_2^2e_2^2+a_3^2e_3^2+a_{12}^2e_{12}^2+a_{23}^2e_{23}^2+a_{13}^2e_{13}^2)+a_{123}^2e_{123}^2]+\\ &\quad 2(a_0a_{123}-a_1a_{23}+a_2a_{13}-a_3a_{12})e_{123}.\end{aligned}$$

于是

$$a\bar{a}\in \mathrm{Cen}(C\ell_{p,q}).$$

因此

$$(a\bar{a})(a\bar{a})^{\wedge}\in\mathbb{R}.$$

由此得

$$a\in C\ell_{p,q}^{*}\Leftrightarrow(a\bar{a})(a\bar{a})^{\wedge}\neq 0.$$

推论 4.1 令 $Z(C\ell_{p,q})$ 是 $C\ell_{p,q}$的零因子集.

(1) 对于任意 $a\in C\ell_{p,q}^{*}$, $a^{-1}=\dfrac{\bar{a}\hat{a}\tilde{a}}{(a\bar{a})(a\bar{a})^{\wedge}}$;

(2) $Z(C\ell_{p,q})=\{a\in C\ell_{p,q}\mid (a\bar{a})(a\bar{a})^{\wedge}=0\}$.

为了方便，对于任意 $a\in C\ell_{p,q}$，我们把 a 写成 $a=\alpha+\beta e_{123}$，α，$\beta\in\langle e_1, e_2\rangle$，其中 $\langle e_1, e_2\rangle$ 是由基 e_1，e_2生成的域$\mathbb{R}$ 上 $C\ell_{p,q}$的子代数.

定理 4.3 令 $Z(C\ell_{p,q})$ 表示 $C\ell_{p,q}$的零因子集.

(1) $C\ell_{0,3}^{*}=\{\alpha+\beta e_{123}\in C\ell_{0,3}\mid \alpha,\beta\in\langle e_1,e_2\rangle,\alpha\neq\pm\beta\}$,

$C\ell_{2,1}^{*}=\{\alpha+\beta e_{123}\in C\ell_{2,1}\mid \alpha,\beta\in\langle e_1,e_2\rangle,(\alpha\pm\beta)(\bar{\alpha}\pm\bar{\beta})\neq 0\}$,

$C\ell_{3,0}^{*}=\{\boldsymbol{\alpha}+\boldsymbol{\beta}\boldsymbol{e}_{123}\in C\ell_{3,0}\mid\boldsymbol{\alpha},\boldsymbol{\beta}\in\langle\boldsymbol{e}_1,\boldsymbol{e}_2\rangle,\boldsymbol{a}\overline{\boldsymbol{a}}\neq 0\}$.

(2) $Z(C\ell_{0,3})=\{\boldsymbol{\alpha}+\boldsymbol{\beta}\boldsymbol{e}_{123}\in C\ell_{0,3}\mid\boldsymbol{\alpha},\boldsymbol{\beta}\in\langle\boldsymbol{e}_1,\boldsymbol{e}_2\rangle,\boldsymbol{\alpha}=\pm\boldsymbol{\beta}\}$,

$Z(C\ell_{2,1})=\{\boldsymbol{\alpha}+\boldsymbol{\beta}\boldsymbol{e}_{123}\in C\ell_{2,1}\mid\boldsymbol{\alpha},\boldsymbol{\beta}\in\langle\boldsymbol{e}_1,\boldsymbol{e}_2\rangle,(\boldsymbol{\alpha}\pm\boldsymbol{\beta})(\overline{\boldsymbol{\alpha}}\pm\overline{\boldsymbol{\beta}})=0\}$,

$Z(C\ell_{3,0})=\{\boldsymbol{\alpha}+\boldsymbol{\beta}\boldsymbol{e}_{123}\in C\ell_{3,0}\mid\boldsymbol{\alpha},\boldsymbol{\beta}\in\langle\boldsymbol{e}_1,\boldsymbol{e}_2\rangle,\boldsymbol{a}\overline{\boldsymbol{a}}=0\}$.

证明 对于任意 $\boldsymbol{a}=\boldsymbol{\alpha}+\boldsymbol{\beta}\boldsymbol{e}_{123}\in C\ell_{p,q}$，有

$$\boldsymbol{a}\overline{\boldsymbol{a}}=(\boldsymbol{\alpha}+\boldsymbol{\beta}\boldsymbol{e}_{123})\overline{(\boldsymbol{\alpha}+\boldsymbol{\beta}\boldsymbol{e}_{123})}=\boldsymbol{\alpha}\overline{\boldsymbol{\alpha}}+\boldsymbol{\beta}\overline{\boldsymbol{\beta}}\boldsymbol{e}_{123}^2+(\boldsymbol{\alpha}\overline{\boldsymbol{\beta}}+\boldsymbol{\beta}\overline{\boldsymbol{\alpha}})\boldsymbol{e}_{123}\in\mathrm{Cen}(C\ell_{p,q}).$$

因为

$$(\boldsymbol{a}\overline{\boldsymbol{a}})^{\wedge}=\boldsymbol{\alpha}\overline{\boldsymbol{\alpha}}+\boldsymbol{\beta}\overline{\boldsymbol{\beta}}\boldsymbol{e}_{123}^2-(\boldsymbol{\alpha}\overline{\boldsymbol{\beta}}+\boldsymbol{\beta}\overline{\boldsymbol{\alpha}})\boldsymbol{e}_{123},$$

所以有

$$\begin{aligned}\boldsymbol{a}\overline{\boldsymbol{a}}(\boldsymbol{a}\overline{\boldsymbol{a}})^{\wedge}&=[\boldsymbol{\alpha}\overline{\boldsymbol{\alpha}}+\boldsymbol{\beta}\overline{\boldsymbol{\beta}}\boldsymbol{e}_{123}^2+(\boldsymbol{\alpha}\overline{\boldsymbol{\beta}}+\boldsymbol{\beta}\overline{\boldsymbol{\alpha}})\boldsymbol{e}_{123}]\\&\quad[\boldsymbol{\alpha}\overline{\boldsymbol{\alpha}}+\boldsymbol{\beta}\overline{\boldsymbol{\beta}}\boldsymbol{e}_{123}^2-(\boldsymbol{\alpha}\overline{\boldsymbol{\beta}}+\boldsymbol{\beta}\overline{\boldsymbol{\alpha}})\boldsymbol{e}_{123}]\\&=(\boldsymbol{\alpha}\overline{\boldsymbol{\alpha}}+\boldsymbol{\beta}\overline{\boldsymbol{\beta}}\boldsymbol{e}_{123}^2)^2-(\boldsymbol{\alpha}\overline{\boldsymbol{\beta}}+\boldsymbol{\beta}\overline{\boldsymbol{\alpha}})^2\boldsymbol{e}_{123}^2\in\mathbb{R}.\end{aligned}$$

(1) 因为当 $\boldsymbol{e}_{123}\in C\ell_{0,3}$时，$\boldsymbol{e}_{123}^2=1$，所以对于任意 $\boldsymbol{a}=\boldsymbol{\alpha}+\boldsymbol{\beta}\boldsymbol{e}_{123}\in C\ell_{0,3}$，有

$$\boldsymbol{a}\overline{\boldsymbol{a}}(\boldsymbol{a}\overline{\boldsymbol{a}})^{\wedge}=\overline{(\boldsymbol{\alpha}^2-\boldsymbol{\beta}^2)}(\boldsymbol{\alpha}^2-\boldsymbol{\beta}^2).$$

由于 $\boldsymbol{\alpha}$，$\boldsymbol{\beta}\in\langle\boldsymbol{e}_1,\boldsymbol{e}_2\rangle$，其中 $\langle\boldsymbol{e}_1,\boldsymbol{e}_2\rangle$ 中任意非零元素是可逆的，因此 $\boldsymbol{a}=\boldsymbol{\alpha}+\boldsymbol{\beta}\boldsymbol{e}_{123}\in C\ell_{0,3}$是可逆的当且仅当 $\boldsymbol{\alpha}\neq\pm\boldsymbol{\beta}$，$\boldsymbol{a}$ 是零因子当且仅当 $\boldsymbol{\alpha}=\pm\boldsymbol{\beta}$.

(2) 因为当 $\boldsymbol{e}_{123}\in C\ell_{2,1}$时，$\boldsymbol{e}_{123}^2=1$，所以对于任意 $\boldsymbol{a}=\boldsymbol{\alpha}+\boldsymbol{\beta}\boldsymbol{e}_{123}\in C\ell_{2,1}$，有

$$\boldsymbol{a}\overline{\boldsymbol{a}}(\boldsymbol{a}\overline{\boldsymbol{a}})^{\wedge}=(\boldsymbol{\alpha}\overline{\boldsymbol{\alpha}}+\boldsymbol{\beta}\overline{\boldsymbol{\beta}}\boldsymbol{e}_{123}^2)^2-(\boldsymbol{\alpha}\overline{\boldsymbol{\beta}}+\boldsymbol{\beta}\overline{\boldsymbol{\alpha}})^2\boldsymbol{e}_{123}^2$$

$$=(\boldsymbol{\alpha}\overline{\boldsymbol{\alpha}}+\boldsymbol{\beta}\overline{\boldsymbol{\beta}})^2-(\boldsymbol{\alpha}\overline{\boldsymbol{\beta}}+\boldsymbol{\beta}\overline{\boldsymbol{\alpha}})^2.$$

由于

$$\boldsymbol{\alpha}\overline{\boldsymbol{\alpha}}+\boldsymbol{\beta}\overline{\boldsymbol{\beta}}\in\mathbb{R},\boldsymbol{\alpha}\overline{\boldsymbol{\beta}}+\boldsymbol{\beta}\overline{\boldsymbol{\alpha}}\in\mathbb{R},$$

因此 $\boldsymbol{a}\in C\ell_{2,1}^{*}$ 当且仅当 $\boldsymbol{\alpha}\overline{\boldsymbol{\alpha}}+\boldsymbol{\beta}\overline{\boldsymbol{\beta}}\neq\pm(\boldsymbol{\alpha}\overline{\boldsymbol{\beta}}+\boldsymbol{\beta}\overline{\boldsymbol{\alpha}})$，即 $(\boldsymbol{\alpha}\pm\boldsymbol{\beta})(\overline{\boldsymbol{\alpha}}\pm\overline{\boldsymbol{\beta}})\neq0$. 所以 $\boldsymbol{a}$ 是 $C\ell_{2,1}$ 的零因子当且仅当 $(\boldsymbol{\alpha}\pm\boldsymbol{\beta})(\overline{\boldsymbol{\alpha}}\pm\overline{\boldsymbol{\beta}})=0$.

（3）因为当 $\boldsymbol{e}_{123}\in C\ell_{3,0}$ 时，$\boldsymbol{e}_{123}^2=-1$，所以对于任意 $\boldsymbol{a}=\boldsymbol{\alpha}+\boldsymbol{\beta}\boldsymbol{e}_{123}\in C\ell_{3,0}$，有 $\boldsymbol{a}\overline{\boldsymbol{a}}\in\mathrm{Cen}(C\ell_{3,0})$. 由于 $\mathrm{Cen}(C\ell_{3,0})\simeq\mathbb{C}$ 是可除代数，因此 $\boldsymbol{a}=\boldsymbol{\alpha}+\boldsymbol{\beta}\boldsymbol{e}_{123}\in C\ell_{3,0}$ 是可逆的当且仅当 $\boldsymbol{a}\overline{\boldsymbol{a}}\neq0$，而 $\boldsymbol{a}$ 是 $C\ell_{3,0}$ 的零因子当且仅当 $\boldsymbol{a}\overline{\boldsymbol{a}}=0$.

设 $\boldsymbol{G}$ 是 $\mathbb{R}$ 上 n 维向量空间. 令 $\{\boldsymbol{\alpha}_1,\boldsymbol{\alpha}_2,\cdots,\boldsymbol{\alpha}_n\}$ 为 $\boldsymbol{G}$ 的一个基. 对于任意 $\boldsymbol{a}\in\boldsymbol{G}$，$\boldsymbol{G}$ 左乘 $\boldsymbol{a}$ 线性变换为

$$l_{\boldsymbol{a}}:\boldsymbol{G}\to\boldsymbol{G},$$

$$\boldsymbol{b}\mapsto\boldsymbol{a}\boldsymbol{b},\forall\,\boldsymbol{b}\in\boldsymbol{G}.$$

设

$$l_{\boldsymbol{a}}(\boldsymbol{\alpha}_i)=\sum_{j=1}^{n}a_{ji}\boldsymbol{\alpha}_j,i=1,2,\cdots,n.$$

$\boldsymbol{A}$ 表示 $n\times n$ 矩阵，其中 (i,j) 的元素是 a_{ij}. 令

$$\boldsymbol{\tau}:C\ell_{p,q}^{*}\to\mathrm{GL}_n(\mathbb{R}),$$

$$\boldsymbol{a}\mapsto\boldsymbol{A},\boldsymbol{a}\in C\ell_{p,q}^{*},$$

其中 $\boldsymbol{A}$ 是 $C\ell_{p,q}$ 的左乘线性变换 $l_{\boldsymbol{a}}$ 在一个确定基下所对应的矩阵，$\boldsymbol{\tau}$ 是 $C\ell_{p,q}^{*}$ 的一个实矩阵表示，显然此表示是一个忠实表示. 当构建 $C\ell_{p,q}^{*}$ 的表示时，将每一个元素映射成这个元素的左乘线性变换在一个确定基下所对应的矩阵.

定理 4.4 $C\ell_{0,3}^{*}$同构于如下形式的矩阵组成的乘法群：

$$\begin{pmatrix} a_1 & -a_2 & -a_3 & -a_4 & -a_5 & -a_6 & -a_7 & a_8 \\ a_2 & a_1 & -a_4 & a_3 & -a_6 & a_5 & -a_8 & -a_7 \\ a_3 & a_4 & a_1 & -a_2 & -a_7 & a_8 & a_5 & a_6 \\ a_4 & -a_3 & a_2 & a_1 & -a_8 & -a_7 & a_6 & -a_5 \\ a_5 & a_6 & a_7 & -a_8 & a_1 & -a_2 & -a_3 & -a_4 \\ a_6 & -a_5 & a_8 & a_7 & a_2 & a_1 & -a_4 & a_3 \\ a_7 & -a_8 & -a_5 & -a_6 & a_3 & a_4 & a_1 & -a_2 \\ a_8 & a_7 & -a_6 & a_5 & a_4 & -a_3 & a_2 & a_1 \end{pmatrix},$$

其中 $a_i \in \mathbb{R}$，$i=1$，2，…，8，且（a_1，a_2，a_3，a_4）$\neq$（a_8，$-a_7$，a_6，$-a_5$）或（a_1，a_2，a_3，a_4）$\neq$（$-a_8$，a_7，$-a_6$，a_5）.

证明 设

$$\boldsymbol{a} = a_1 + a_2\boldsymbol{e}_1 + a_3\boldsymbol{e}_2 + a_4\boldsymbol{e}_{12} + a_5\boldsymbol{e}_3 + a_6\boldsymbol{e}_{13} + a_7\boldsymbol{e}_{23} + a_8\boldsymbol{e}_{123} \in C\ell_{0,3}.$$

有

$$\begin{aligned}\boldsymbol{a} &= a_1 + a_2\boldsymbol{e}_1 + a_3\boldsymbol{e}_2 + a_4\boldsymbol{e}_{12} + (-a_5\boldsymbol{e}_{12} + a_6\boldsymbol{e}_2 - a_7\boldsymbol{e}_1 + a_8)\boldsymbol{e}_{123} \\ &= \boldsymbol{\alpha} + \boldsymbol{\beta}\boldsymbol{e}_{123},\end{aligned}$$

其中

$$\boldsymbol{\alpha} = a_1 + a_2\boldsymbol{e}_1 + a_3\boldsymbol{e}_2 + a_4\boldsymbol{e}_{12}, \boldsymbol{\beta} = a_8 - a_7\boldsymbol{e}_1 + a_6\boldsymbol{e}_2 - a_5\boldsymbol{e}_{12}.$$

$C\ell_{0,3}$可以被表示成 8×8 矩阵群，其中 $\boldsymbol{a} \in C\ell_{0,3}$被表示成

$$\begin{pmatrix} a_1 & -a_2 & -a_3 & -a_4 & -a_5 & -a_6 & -a_7 & a_8 \\ a_2 & a_1 & a_4 & -a_3 & a_6 & -a_5 & -a_8 & -a_7 \\ a_3 & -a_4 & a_1 & a_2 & a_7 & a_8 & -a_5 & a_6 \\ a_4 & a_3 & -a_2 & a_1 & -a_8 & a_7 & -a_6 & -a_5 \\ a_5 & -a_6 & -a_7 & -a_8 & a_1 & a_2 & a_3 & -a_4 \\ a_6 & a_5 & a_8 & -a_7 & -a_2 & a_1 & a_4 & a_3 \\ a_7 & -a_8 & a_5 & a_6 & -a_3 & -a_4 & a_1 & -a_2 \\ a_8 & a_7 & -a_6 & a_5 & a_4 & -a_3 & a_2 & a_1 \end{pmatrix}.$$

这是 $C\ell_{0,3}$的元素左乘

$$\boldsymbol{a} = a_1 + a_2\boldsymbol{e}_1 + a_3\boldsymbol{e}_2 + a_4\boldsymbol{e}_{12} + a_5\boldsymbol{e}_3 + a_6\boldsymbol{e}_{13} + a_7\boldsymbol{e}_{23} + a_8\boldsymbol{e}_{123}$$

在 $C\ell_{0,3}$的规范正交基 $\{1, \boldsymbol{e}_1, \boldsymbol{e}_2, \boldsymbol{e}_{12}, \boldsymbol{e}_3, \boldsymbol{e}_{13}, \boldsymbol{e}_{23}, \boldsymbol{e}_{123}\}$ 下所对应的矩阵. 根据定理 4. 3 的结论可知所证结论是显然成立的.

定理 4. 5 $C\ell_{2,1}^*$同构于如下形式的矩阵组成的乘法群:

$$\begin{pmatrix} a_1 & a_2 & a_3 & -a_4 & -a_5 & a_6 & a_7 & a_8 \\ a_2 & a_1 & a_4 & -a_3 & -a_6 & a_5 & a_8 & a_7 \\ a_3 & -a_4 & a_1 & a_2 & -a_7 & -a_8 & a_5 & -a_6 \\ a_4 & -a_3 & a_2 & a_1 & -a_8 & -a_7 & a_6 & -a_5 \\ a_5 & -a_6 & -a_7 & -a_8 & a_1 & a_2 & a_3 & -a_4 \\ a_6 & -a_5 & -a_8 & -a_7 & a_2 & a_1 & a_4 & -a_3 \\ a_7 & a_8 & -a_5 & a_6 & a_3 & -a_4 & a_1 & a_2 \\ a_8 & a_7 & -a_6 & a_5 & a_4 & -a_3 & a_2 & a_1 \end{pmatrix},$$

其中 $a_i \in \mathbb{R}$，$i=1$，2，⋯，8，且

$$a_1^2-a_2^2-a_3^2+a_4^2+a_5^2-a_6^2-a_7^2+a_8^2 \neq \pm 2(a_1a_8-a_2a_7+a_3a_6-a_4a_5).$$

证明 设

$$\boldsymbol{a}=a_1+a_2\boldsymbol{e}_1+a_3\boldsymbol{e}_2+a_4\boldsymbol{e}_{12}+a_5\boldsymbol{e}_3+a_6\boldsymbol{e}_{13}+a_7\boldsymbol{e}_{23}+a_8\boldsymbol{e}_{123} \in C\ell_{2,1}.$$

有

$$\begin{aligned}\boldsymbol{a}&=a_1+a_2\boldsymbol{e}_1+a_3\boldsymbol{e}_2+a_4\boldsymbol{e}_{12}+(-a_5\boldsymbol{e}_{12}-a_6\boldsymbol{e}_2+a_7\boldsymbol{e}_1+a_8)\boldsymbol{e}_{123}\\&=\boldsymbol{\alpha}+\boldsymbol{\beta}\boldsymbol{e}_{123},\end{aligned}$$

其中

$$\boldsymbol{\alpha}=a_1+a_2\boldsymbol{e}_1+a_3\boldsymbol{e}_2+a_4\boldsymbol{e}_{12},\boldsymbol{\beta}=a_8+a_7\boldsymbol{e}_1-a_6\boldsymbol{e}_2-a_5\boldsymbol{e}_{12}.$$

$C\ell_{2,1}$可以被表示成 8×8 矩阵群，其中 $\boldsymbol{a}\in C\ell_{2,1}$被表示成

$$\begin{pmatrix} a_1 & a_2 & a_3 & -a_4 & -a_5 & a_6 & a_7 & a_8\\ a_2 & a_1 & a_4 & -a_3 & -a_6 & a_5 & a_8 & a_7\\ a_3 & -a_4 & a_1 & a_2 & -a_7 & -a_8 & a_5 & -a_6\\ a_4 & -a_3 & a_2 & a_1 & -a_8 & -a_7 & a_6 & -a_5\\ a_5 & -a_6 & -a_7 & -a_8 & a_1 & a_2 & a_3 & -a_4\\ a_6 & -a_5 & -a_8 & -a_7 & a_2 & a_1 & a_4 & -a_3\\ a_7 & a_8 & -a_5 & a_6 & a_3 & -a_4 & a_1 & a_2\\ a_8 & a_7 & -a_6 & a_5 & a_4 & -a_3 & a_2 & a_1 \end{pmatrix}.$$

这是 $C\ell_{2,1}$的元素左乘

$$\boldsymbol{a}=a_1+a_2\boldsymbol{e}_1+a_3\boldsymbol{e}_2+a_4\boldsymbol{e}_{12}+a_5\boldsymbol{e}_3+a_6\boldsymbol{e}_{13}+a_7\boldsymbol{e}_{23}+a_8\boldsymbol{e}_{123}$$

在规范正交基 $\{1, \boldsymbol{e}_1, \boldsymbol{e}_2, \boldsymbol{e}_{12}, \boldsymbol{e}_3, \boldsymbol{e}_{13}, \boldsymbol{e}_{23}, \boldsymbol{e}_{123}\}$ 下所对应的矩阵．通过计算，有

$$\boldsymbol{\alpha}\overline{\boldsymbol{\alpha}}=a_1^2-a_2^2-a_3^2+a_4^2,\boldsymbol{\beta}\overline{\boldsymbol{\beta}}=a_8^2-a_7^2-a_6^2+a_5^2.$$

因为

$$\boldsymbol{\alpha}\overline{\boldsymbol{\alpha}}+\boldsymbol{\beta}\overline{\boldsymbol{\beta}}\neq\pm(\boldsymbol{\alpha}\overline{\boldsymbol{\beta}}+\boldsymbol{\beta}\overline{\boldsymbol{\alpha}}),$$

所以有

$$a_1^2-a_2^2-a_3^2+a_4^2+a_5^2-a_6^2-a_7^2+a_8^2\neq\pm2(a_1a_8-a_2a_7+a_3a_6-a_4a_5).$$

定理 4.6　$C\ell_{3,0}^*$同构于如下形式的矩阵组成的乘法群：

$$\begin{pmatrix}a_1 & a_2 & a_3 & -a_4 & a_5 & -a_6 & -a_7 & -a_8\\ a_2 & a_1 & a_4 & -a_3 & a_6 & -a_5 & -a_8 & -a_7\\ a_3 & -a_4 & a_1 & a_2 & a_7 & a_8 & -a_5 & a_6\\ a_4 & -a_3 & a_2 & a_1 & a_8 & a_7 & -a_6 & a_5\\ a_5 & -a_6 & -a_7 & -a_8 & a_1 & a_2 & a_3 & -a_4\\ a_6 & -a_5 & -a_8 & -a_7 & a_2 & a_1 & a_4 & -a_3\\ a_7 & a_8 & -a_5 & a_6 & a_3 & -a_4 & a_1 & a_2\\ a_8 & a_7 & -a_6 & a_5 & a_4 & -a_3 & a_2 & a_1\end{pmatrix},$$

其中 $a_i\in\mathbb{R}$，$i=1,2,\cdots,8$，且 $a_1^2+a_4^2+a_5^2+a_8^2\neq a_2^2+a_3^2+a_6^2+a_7^2$，或 $a_1a_8+a_3a_6\neq a_2a_7+a_4a_5$.

证明　设

$$\boldsymbol{a}=a_1+a_2\boldsymbol{e}_1+a_3\boldsymbol{e}_2+a_4\boldsymbol{e}_{12}+a_5\boldsymbol{e}_3+a_6\boldsymbol{e}_{13}+a_7\boldsymbol{e}_{23}+a_8\boldsymbol{e}_{123}\in C\ell_{3,0}.$$

有

$$\begin{aligned}\boldsymbol{a}&=a_1+a_2\boldsymbol{e}_1+a_3\boldsymbol{e}_2+a_4\boldsymbol{e}_{12}+(-a_5\boldsymbol{e}_{12}-a_6\boldsymbol{e}_2+a_7\boldsymbol{e}_1+a_8)\boldsymbol{e}_{123}\\&=\boldsymbol{\alpha}+\boldsymbol{\beta}\boldsymbol{e}_{123},\end{aligned}$$

其中

$$\boldsymbol{\alpha}=a_1+a_2\boldsymbol{e}_1+a_3\boldsymbol{e}_2+a_4\boldsymbol{e}_{12},\boldsymbol{\beta}=a_8+a_7\boldsymbol{e}_1-a_6\boldsymbol{e}_2-a_5\boldsymbol{e}_{12}.$$

$C\ell_{3,0}$可以被表示成 8×8 矩阵群，其中 $\boldsymbol{a}\in C\ell_{3,0}$被表示成

$$\begin{pmatrix} a_1 & a_2 & a_3 & -a_4 & a_5 & -a_6 & -a_7 & -a_8 \\ a_2 & a_1 & a_4 & -a_3 & a_6 & -a_5 & -a_8 & -a_7 \\ a_3 & -a_4 & a_1 & a_2 & a_7 & a_8 & -a_5 & a_6 \\ a_4 & -a_3 & a_2 & a_1 & a_8 & a_7 & -a_6 & a_5 \\ a_5 & -a_6 & -a_7 & -a_8 & a_1 & a_2 & a_3 & -a_4 \\ a_6 & -a_5 & -a_8 & -a_7 & a_2 & a_1 & a_4 & -a_3 \\ a_7 & a_8 & -a_5 & a_6 & a_3 & -a_4 & a_1 & a_2 \\ a_8 & a_7 & -a_6 & a_5 & a_4 & -a_3 & a_2 & a_1 \end{pmatrix}.$$

这是 $C\ell_{3,0}$的元素左乘

$$\boldsymbol{a}=a_1+a_2\boldsymbol{e}_1+a_3\boldsymbol{e}_2+a_4\boldsymbol{e}_{12}+a_5\boldsymbol{e}_3+a_6\boldsymbol{e}_{13}+a_7\boldsymbol{e}_{23}+a_8\boldsymbol{e}_{123}$$

在规范正交基 $\{1,\ \boldsymbol{e}_1,\ \boldsymbol{e}_2,\ \boldsymbol{e}_{12},\ \boldsymbol{e}_3,\ \boldsymbol{e}_{13},\ \boldsymbol{e}_{23},\ \boldsymbol{e}_{123}\}$ 下所对应的矩阵表示. 当 $C\ell_{p,q}^*$为 $C\ell_{3,0}^*$时，$\boldsymbol{a}\bar{\boldsymbol{a}}\neq 0$. 因为

$$\boldsymbol{a}\bar{\boldsymbol{a}}=\boldsymbol{\alpha}\bar{\boldsymbol{\alpha}}+\boldsymbol{\beta}\bar{\boldsymbol{\beta}}\boldsymbol{e}_{123}^2+(\boldsymbol{\alpha}\bar{\boldsymbol{\beta}}+\boldsymbol{\beta}\bar{\boldsymbol{\alpha}})\boldsymbol{e}_{123}=\boldsymbol{\alpha}\bar{\boldsymbol{\alpha}}+\boldsymbol{\beta}\bar{\boldsymbol{\beta}}+(\boldsymbol{\alpha}\bar{\boldsymbol{\beta}}+\boldsymbol{\beta}\bar{\boldsymbol{\alpha}})\boldsymbol{e}_{123},$$

所以

$$\boldsymbol{\alpha}\bar{\boldsymbol{\alpha}}+\boldsymbol{\beta}\bar{\boldsymbol{\beta}}\neq 0 \text{ 或 } \boldsymbol{\alpha}\bar{\boldsymbol{\beta}}+\boldsymbol{\beta}\bar{\boldsymbol{\alpha}}\neq 0.$$

由定理 4. 3 有

$$a_1^2+a_4^2+a_5^2+a_8^2\neq a_2^2+a_3^2+a_6^2+a_7^2 \text{ 或 } a_1a_8+a_3a_6\neq a_2a_7+a_4a_5.$$

4. 3　实 Clifford 群的若干性质

19 世纪 80 年代，Lipschitz 引入了实 Clifford 代数 $C\ell_{p,q}$的 Clifford

群 $\Gamma_{p,q}$的定义：

$$\Gamma_{p,q}=\{\boldsymbol{a}\in C\ell_{p,q}\mid \boldsymbol{a}\boldsymbol{x}\hat{\boldsymbol{a}}^{-1}\in\mathbb{R}^{p,q},\forall\boldsymbol{x}\in\mathbb{R}^{p,q}\}.\tag{4.5}$$

在 $C\ell_{p,q}$中任取元素

$\boldsymbol{a}=a_0+\cdots+a_{p+q}\boldsymbol{e}_{p+q}+a_{12}\boldsymbol{e}_{12}+\cdots+a_{(p+q-1)(p+q)}\boldsymbol{e}_{(p+q-1)(p+q)}+\cdots+$ $a_{12\cdots(p+q)}\boldsymbol{e}_{12\cdots(p+q)}$，$\boldsymbol{a}$ 可简记为

$$\boldsymbol{a}=\langle\boldsymbol{a}\rangle_0+\langle\boldsymbol{a}\rangle_1+\cdots+\langle\boldsymbol{a}\rangle_{p+q}=\sum_{k=0}^{p+q}\langle\boldsymbol{a}\rangle_k,$$

其中 $\langle\boldsymbol{a}\rangle_k$（$k=0$，1，…，$p+q$）称为 $\boldsymbol{a}$ 的 k - 次向量部．由此可知

$$\hat{\boldsymbol{a}}=\sum_{k=0}^{p+q}(-1)^k\langle\boldsymbol{a}\rangle_k,$$

$$\tilde{\boldsymbol{a}}=\sum_{k=0}^{p+q}(-1)^{\frac{k(k-1)}{2}}\langle\boldsymbol{a}\rangle_k,$$

$$\bar{\boldsymbol{a}}=\sum_{k=0}^{p+q}(-1)^{\frac{k(k+1)}{2}}\langle\boldsymbol{a}\rangle_k.$$

定理 4.7 设 p，q 是非负整数，令

$$\Gamma_1=\{\boldsymbol{a}\in C\ell_{p,q}\mid \boldsymbol{a}\boldsymbol{x}\hat{\boldsymbol{a}}^{-1}\in\mathbb{R}^{p,q},\boldsymbol{a}\bar{\boldsymbol{a}}\in\mathbb{R},\forall\boldsymbol{x}\in\mathbb{R}^{p,q}\},$$

$$\Gamma_2=\{\boldsymbol{a}\in C\ell_{p,q}\mid \boldsymbol{a}\boldsymbol{x}\tilde{\boldsymbol{a}}\in\mathbb{R}^{p,q},\boldsymbol{a}\bar{\boldsymbol{a}}\in\mathbb{R},\forall\boldsymbol{x}\in\mathbb{R}^{p,q}\},$$

$$\Gamma_3=\{\boldsymbol{a}\in C\ell_{p,q}\mid \boldsymbol{a}\boldsymbol{e}_i\tilde{\boldsymbol{a}}\in\mathbb{R}^{p,q},i=1,2,\cdots,p+q,\boldsymbol{a}\bar{\boldsymbol{a}}\in\mathbb{R}\},$$

则 $\Gamma_1=\Gamma_2=\Gamma_3$.

证明 首先证明 $\Gamma_1=\Gamma_2$.

对于任意 $\boldsymbol{a}\in\Gamma_2$，有

$$\boldsymbol{a}\boldsymbol{x}\tilde{\boldsymbol{a}}\in\mathbb{R}^{p,q},\forall\boldsymbol{x}\in\mathbb{R}^{p,q}.$$

因为$\tilde{\boldsymbol{a}}=\bar{\hat{\boldsymbol{a}}}$，所以

$$\boldsymbol{a}\boldsymbol{x}\overline{\hat{\boldsymbol{a}}} \in \mathbb{R}^{p,q}.$$

因为 $\boldsymbol{a}^{-1}=\frac{\overline{\boldsymbol{a}}}{\boldsymbol{a}\overline{\boldsymbol{a}}}$，所以

$$\boldsymbol{a}\boldsymbol{x}\overline{\hat{\boldsymbol{a}}}=\boldsymbol{a}\boldsymbol{x}\hat{\boldsymbol{a}}^{-1}(\hat{\boldsymbol{a}}\,\overline{\hat{\boldsymbol{a}}}) \in \mathbb{R}^{p,q}.$$

因为 $\boldsymbol{a}\overline{\boldsymbol{a}} \in \mathbb{R}$，所以 $\hat{\boldsymbol{a}}\,\overline{\hat{\boldsymbol{a}}} \in \mathbb{R}$. 于是得

$$\boldsymbol{a}\boldsymbol{x}\hat{\boldsymbol{a}}^{-1} \in \mathbb{R}^{p,q}, \forall \boldsymbol{x} \in \mathbb{R}^{p,q},$$

因而 $\boldsymbol{a} \in \Gamma_1$，即 $\Gamma_2 \subseteq \Gamma_1$.

对于任意 $\boldsymbol{a} \in \Gamma_1$，有 $\boldsymbol{a}\boldsymbol{x}\hat{\boldsymbol{a}}^{-1} \in \mathbb{R}^{p,q}$. 于是得

$$\boldsymbol{a}\boldsymbol{x}\hat{\boldsymbol{a}}^{-1}=\boldsymbol{a}\boldsymbol{x}\widehat{\boldsymbol{a}^{-1}} \in \mathbb{R}^{p,q}.$$

因为 $\boldsymbol{a}^{-1}=\frac{\overline{\boldsymbol{a}}}{\boldsymbol{a}\overline{\boldsymbol{a}}}$，所以

$$\boldsymbol{a}\boldsymbol{x}\hat{\boldsymbol{a}}^{-1}=\boldsymbol{a}\boldsymbol{x}\widehat{\boldsymbol{a}^{-1}}=\boldsymbol{a}\boldsymbol{x}\left(\frac{\overline{\boldsymbol{a}}}{\boldsymbol{a}\overline{\boldsymbol{a}}}\right) \in \mathbb{R}^{p,q}.$$

因为 $\boldsymbol{a}\overline{\boldsymbol{a}} \in \mathbb{R}$，所以

$$\boldsymbol{a}\boldsymbol{x}\left(\frac{\hat{\overline{\boldsymbol{a}}}}{\boldsymbol{a}\overline{\boldsymbol{a}}}\right)=\frac{1}{\boldsymbol{a}\overline{\boldsymbol{a}}}\boldsymbol{a}\boldsymbol{x}\overline{\hat{\boldsymbol{a}}}=\frac{1}{\boldsymbol{a}\overline{\boldsymbol{a}}}\boldsymbol{a}\boldsymbol{x}\widetilde{\boldsymbol{a}} \in \mathbb{R}^{p,q}.$$

于是知 $\boldsymbol{a} \in \Gamma_2$，即 $\Gamma_1 \subseteq \Gamma_2$. 因此 $\Gamma_1=\Gamma_2$.

接下来证明 $\Gamma_2=\Gamma_3$.

对于任意 $\boldsymbol{a} \in \Gamma_3$，有 $\boldsymbol{a}\boldsymbol{e}_i\widetilde{\boldsymbol{a}} \in \mathbb{R}^{p,q}$. 因为对于任意 $\boldsymbol{x} \in \mathbb{R}^{p,q}$，有

$$\boldsymbol{x}=x_1\boldsymbol{e}_1+\cdots+x_{p+q}\boldsymbol{e}_{p+q},$$

所以 $\boldsymbol{a}\boldsymbol{x}\widetilde{\boldsymbol{a}} \in \mathbb{R}^{p,q}$，即 $\Gamma_3 \subseteq \Gamma_2$. 而 $\Gamma_2 \subseteq \Gamma_3$ 是显然的，因此 $\Gamma_2=\Gamma_3$.

显然，定理 4.7 的三个等式是 Clifford 群 $\Gamma_{p,q}$ 的子集，有时它与 $\Gamma_{p,q}$ 相等，有时它是 $\Gamma_{p,q}$ 的真子集. 下面通过例子说明这一点.

例 4.1 对于任意

$$\boldsymbol{a}=a_0+a_1\boldsymbol{e}_1+a_2\boldsymbol{e}_2+a_3\boldsymbol{e}_3+a_4\boldsymbol{e}_{12}+a_5\boldsymbol{e}_{13}+a_6\boldsymbol{e}_{23}+a_7\boldsymbol{e}_{123}\in C\ell_{0,3},$$

有

$$\hat{\boldsymbol{a}}=\langle\boldsymbol{a}\rangle_0-\langle\boldsymbol{a}\rangle_1+\langle\boldsymbol{a}\rangle_2-\langle\boldsymbol{a}\rangle_3,$$

$$\tilde{\boldsymbol{a}}=\langle\boldsymbol{a}\rangle_0+\langle\boldsymbol{a}\rangle_1-\langle\boldsymbol{a}\rangle_2-\langle\boldsymbol{a}\rangle_3,$$

$$\bar{\boldsymbol{a}}=\langle\boldsymbol{a}\rangle_0-\langle\boldsymbol{a}\rangle_1-\langle\boldsymbol{a}\rangle_2+\langle\boldsymbol{a}\rangle_3.$$

于是得

$$\boldsymbol{a}\bar{\boldsymbol{a}}=[(\langle\boldsymbol{a}\rangle_0+\langle\boldsymbol{a}\rangle_3)+(\langle\boldsymbol{a}\rangle_1+\langle\boldsymbol{a}\rangle_2)][(\langle\boldsymbol{a}\rangle_0+\langle\boldsymbol{a}\rangle_3)-(\langle\boldsymbol{a}\rangle_1+\langle\boldsymbol{a}\rangle_2)].$$

注意到 $\langle\boldsymbol{a}\rangle_0+\langle\boldsymbol{a}\rangle_3\in\mathrm{Cen}(C\ell_{0,3})$，可得

$$\begin{aligned}\boldsymbol{a}\bar{\boldsymbol{a}}&=(\langle\boldsymbol{a}\rangle_0+\langle\boldsymbol{a}\rangle_3)^2-(\langle\boldsymbol{a}\rangle_1+\langle\boldsymbol{a}\rangle_2)^2\\&=(a_0^2+a_7^2+2a_0a_7\boldsymbol{e}_{123})+\\&\quad(\sum_{k=1}^{6}a_k^2)-(\langle\boldsymbol{a}\rangle_1\langle\boldsymbol{a}\rangle_2+\langle\boldsymbol{a}\rangle_2\langle\boldsymbol{a}\rangle_1)\\&=(a_0^2+a_7^2+2a_0a_7\boldsymbol{e}_{123})+\\&\quad(\sum_{k=1}^{6}a_k^2)-2(a_1a_6-a_2a_5+a_3a_4)\boldsymbol{e}_{123}\\&=\sum_{k=0}^{7}a_k^2+2(a_0a_7+a_2a_5-a_1a_6-a_3a_4)\boldsymbol{e}_{123}.\end{aligned}$$

对于任意

$$\boldsymbol{a}=a_0+a_1\boldsymbol{e}_1+a_2\boldsymbol{e}_2+a_3\boldsymbol{e}_{12}\in C\ell_{0,2},$$

有

$$\bar{\boldsymbol{a}}=\langle\boldsymbol{a}\rangle_0-\langle\boldsymbol{a}\rangle_1-\langle\boldsymbol{a}\rangle_2.$$

于是得

$$\boldsymbol{a}\bar{\boldsymbol{a}}=[\langle\boldsymbol{a}\rangle_0+(\langle\boldsymbol{a}\rangle_1+\langle\boldsymbol{a}\rangle_2)][\langle\boldsymbol{a}\rangle_0-(\langle\boldsymbol{a}\rangle_1+\langle\boldsymbol{a}\rangle_2)]$$

$$=\langle \boldsymbol{a}\rangle_0^2-(\langle \boldsymbol{a}\rangle_1+\langle \boldsymbol{a}\rangle_2)^2$$
$$=a_0^2-a_1^2-a_2^2+a_3^2\in\mathbb{R}.$$

例 4.2 对于任意 $\boldsymbol{a}=a_0+a_1\boldsymbol{e}_1\in C\ell_{1,0}$，有

$$\boldsymbol{a}\overline{\boldsymbol{a}}=(a_0+a_1\boldsymbol{e}_1)(a_0-a_1\boldsymbol{e}_1)=a_0^2-a_1^2\in\mathbb{R},$$

而对 $\boldsymbol{x}=\boldsymbol{e}_1\in\mathbb{R}^{1,0}$，有

$$\boldsymbol{a}\boldsymbol{x}\widetilde{\boldsymbol{a}}=(a_0+a_1\boldsymbol{e}_1)\boldsymbol{x}(a_0+a_1\boldsymbol{e}_1)=(a_0^2+a_1^2+2a_0a_1\boldsymbol{e}_1)\boldsymbol{e}_1.$$

因此，

$$\boldsymbol{a}\in\Gamma_{1,0}\Leftrightarrow a_0a_1=0.$$

例 4.2 告诉我们，$C\ell_{1,0}$的可逆元不必是 Clifford 群 $\Gamma_{1,0}$中的元素，因此可知 $\Gamma_{1,0}$是 $C\ell_{1,0}^*$的真子群. 通过计算可知 $\Gamma_{0,1}$也是 $C\ell_{0,1}^*$的真子群. 更一般地，当 $p+q>0$ 时，$C\ell_{p,q}$总有 $C\ell_{1,0}$或 $C\ell_{0,1}$为其子代数，从而 $\Gamma_{p,q}$是 $C\ell_{p,q}^*$的真子群. 但是当 $p+q=0$ 时，有 $\Gamma_{0,0}=C\ell_{0,0}^*$. Clifford 代数 $C\ell_{p,q}$的 Clifford 群 $\Gamma_{p,q}$在数学与物理中有广泛的应用.

5 实 Clifford 代数生成空间的格序结构

由德国数学家 Minkowski 创立的 Minkowski 空间理论可用于刻画狭义相对论时空. 人们对 Minkowski 空间理论的研究已有 100 多年的历史. 从非 Euclid 空间研究的角度看, 人们已把对 3 + 1 维 Minkowski 空间理论的研究推广到 $p+q$ 维 Minkowski 空间——(p, q) 型 Minkowski 空间理论的研究, 而 (p, q) 型 Minkowski 空间恰好是实 Clifford 代数 $C\ell_{p,q}$的生成空间$\mathbb{R}^{p,q}$.

实 Clifford 代数 $C\ell_{p,q}$可以写成

$$C\ell_{p,q} = \sum_{k=0}^{p+q} \langle C\ell_{p,q} \rangle_k = \langle C\ell_{p,q} \rangle_0 \oplus \langle C\ell_{p,q} \rangle_1 \oplus \cdots \oplus \langle C\ell_{p,q} \rangle_{p+q}.$$

实 Clifford 代数 $C\ell_{p,q}$的生成空间

$$\mathbb{R}^{p,q} = \{ x_1 \boldsymbol{e}_1 + \cdots + x_p \boldsymbol{e}_p + x_{p+1} \boldsymbol{e}_{p+1} + \cdots + x_{p+q} \boldsymbol{e}_{p+q} \mid x_1, \cdots, x_{p+q} \in \mathbb{R} \}$$

等同于实 Clifford 代数 $C\ell_{p,q}$的子空间 $\langle C\ell_{p,q} \rangle_1$. 对于任意

$$\boldsymbol{w} = \boldsymbol{r} + \boldsymbol{t} = (x_1 \boldsymbol{e}_1 + \cdots + x_p \boldsymbol{e}_p) + (x_{p+1} \boldsymbol{e}_{p+1} + \cdots + x_{p+q} \boldsymbol{e}_{p+q}) \in \mathbb{R}^{p,q} \subset C\ell_{p,q},$$

定义$\mathbb{R}^{p,q}$的 M 内积 (Minkowski 内积) 为

$$\begin{aligned} \boldsymbol{w} \cdot \boldsymbol{u} &= (x_1 \boldsymbol{e}_1 + \cdots + x_{p+q} \boldsymbol{e}_{p+q}) \cdot (y_1 \boldsymbol{e}_1 + \cdots + y_{p+q} \boldsymbol{e}_{p+q}) \\ &= x_1 y_1 + \cdots + x_p y_p - x_{p+1} y_{p+1} - \cdots - x_{p+q} y_{p+q}, \end{aligned}$$

称$\mathbb{R}^{p,q}$是 (p, q) 型 Minkowski 空间, 其中 $\boldsymbol{r} = x_1 \boldsymbol{e}_1 + \cdots + x_p \boldsymbol{e}_p$ 称为

向量的空间分量，$\boldsymbol{t}=x_{p+1}\boldsymbol{e}_{p+1}+\cdots+x_{p+q}\boldsymbol{e}_{p+q}$称为向量的时间分量．有别于经典 Minkowski 空间的时间分量，$\mathbb{R}^{p,q}$的时间分量的维数不必是一维的．可把$\mathbb{R}^{p,q}$中的向量分为三类，当 $\boldsymbol{w}\cdot\boldsymbol{w}<0$（$>0$，$=0$）时，称 $\boldsymbol{w}$ 为$\mathbb{R}^{p,q}$的类时（类空，类光）向量．规定零向量既是类时向量，也是类空向量、类光向量．

由 M 内积可以定义 $\boldsymbol{w}$ 的 M 模（或称时空间隔），记作 σ_M. 为便于区分，把 Euclid 空间（欧式空间）的距离（模）叫作 E 距离（模），记作 σ_E. 定义 $\boldsymbol{w}$ 的 M 模为

$$
\begin{aligned}
\sigma_M(\boldsymbol{w}) &= \sqrt{|\boldsymbol{w}\cdot\boldsymbol{w}|}=\sqrt{|x_1^2+\cdots+x_p^2-x_{p+1}^2-\cdots-x_{p+q}^2|}\\
&= \sqrt{|\sigma_E(\boldsymbol{r})-\sigma_E(\boldsymbol{t})|},
\end{aligned}
$$

其中 $\sigma_E(\boldsymbol{r})=\sqrt{x_1^2+\cdots+x_p^2},\sigma_E(\boldsymbol{t})=\sqrt{x_{p+1}^2+\cdots+x_{p+q}^2}$.

当 $\sigma_M(\boldsymbol{w})\neq 0$ 时，向量 $\boldsymbol{w}_0=\dfrac{1}{\sigma_M(\boldsymbol{w})}\boldsymbol{w}$ 是与 $\boldsymbol{w}$ 方向相同的单位向量．显然在$\mathbb{R}^{p,q}$中，类光向量不能单位化．类光向量之间的位置关系可以采用 E 距离进行刻画．

$\mathbb{R}^{p,q}$中的所有类时向量可以表示为

$$\{\boldsymbol{w}\in\mathbb{R}^{p,q}\mid \boldsymbol{w}=\boldsymbol{r}+\boldsymbol{t},\sigma_E(\boldsymbol{r})<\sigma_E(\boldsymbol{t})\}.$$

称

$$\{\boldsymbol{w}=\boldsymbol{r}+\boldsymbol{t}\mid \boldsymbol{w}\in\mathbb{R}^{p,q},\sigma_E(\boldsymbol{r})<\sigma_E(\boldsymbol{t}),x_{p+1}>0,\cdots,x_{p+q}>0\}$$

为$\mathbb{R}^{p,q}$的未来类时区，记为$\mathbb{R}^{p,q+}$. 称

$$\{\boldsymbol{w}=\boldsymbol{r}+\boldsymbol{t}\mid \boldsymbol{w}\in\mathbb{R}^{p,q},\sigma_E(\boldsymbol{r})<\sigma_E(\boldsymbol{t}),x_{p+1}<0,\cdots,x_{p+q}<0\}$$

为$\mathbb{R}^{p,q}$的过去类时区，记为$\mathbb{R}^{p,q-}$.

例 5.1 考察（p，q）型 Minkowski 空间$\mathbb{R}^{p,q}$，$pq\neq 0$. 令 $S=\mathbb{R}^{p,q+}\cup\mathbb{R}^{p,q-}$，则 S 对加法不封闭．例如，取

$$\boldsymbol{w}_1=\boldsymbol{e}_1+\boldsymbol{e}_2+2\boldsymbol{e}_{p+1}+\boldsymbol{e}_{p+2},\boldsymbol{w}_2=\boldsymbol{e}_2+\boldsymbol{e}_3-\boldsymbol{e}_{p+1}-\boldsymbol{e}_{p+2}-\boldsymbol{e}_{p+3}\in S,$$

则有

$$\sigma_M(\boldsymbol{r}_1+\boldsymbol{r}_2)=\sqrt{6}>\sigma_M(\boldsymbol{t}_1+\boldsymbol{t}_2)=\sqrt{2}.$$

即 $\boldsymbol{w}_1+\boldsymbol{w}_2\notin S$.

20 世纪 40 年代，美国数学家 Birkhoff 在其《格论》[64]一书中论及了格序半群理论．至 20 世纪 60 年代，在 Fuchs[65-67]、Holland[68]等数学家的推动下，格序半群理论已发展成一个相对完整的研究系统．当 $p=n-1$，$q=1$ 时，（p，q）型 Minkowski 空间$\mathbb{R}^{p,q}$称为 n 维 Minkowski 空间，简记为 M_n.

定义 5.1[69] 如果偏序集 G 中的任意两个元素都有上确界和下确界，把 G 中元素 a 和 b 的上确界和下确界分别记为 $a\vee b$ 和 $a\wedge b$，即

$$a\vee b=sup\{a,\ b\},\ a\wedge b=inf\{a,\ b\},$$

称偏序集 G 为格．

定义 5.2[69] 设 G 为半群且（G，$\vee$，$\wedge$）为格．如果

$$(a\vee b)c=ac\vee bc,c(a\vee b)=ca\vee cb,\forall a,b,c\in G$$

成立，称（G，·，$\vee$，$\wedge$）为半格序半群（$\vee$半群）．一个$\vee$半群如果还满足

$$(a\wedge b)c=ac\wedge bc,c(a\wedge b)=ca\wedge cb,\forall a,b,c\in G,$$

则称 G 为格序半群．

定义 5.3[69] 设 G 为半环 A 上的半线性空间．若存在半序关系

$<$使得（G，$<$）为半序集，则称 G 为半环 A 上的半序半线性空间. 若半序集（G，$<$）是格，则称 G 为半环 A 上的可格半线性空间.

把 n 维 Minkowski 空间 M_n 写成坐标的形式，即

$M_n=\{(x_1,\cdots,x_{n-1},\boldsymbol{j}x_n)\mid x_1,\cdots,x_{n-1},x_n\in\mathbb{R},\boldsymbol{j}^2=1,\boldsymbol{j}\notin\mathbb{R}\}$，

也可以写成

$$M_n=\{\boldsymbol{w}\mid\boldsymbol{w}=\boldsymbol{r}+x_n\boldsymbol{j}\},$$

其中 $\boldsymbol{r}=(x_1,\cdots,x_{n-1})$ 是 $n-1$ 维实向量. n 维 Minkowski 空间 M_n 的元素内积

$$\begin{aligned}\boldsymbol{w}\cdot\boldsymbol{u}&=(x_1,\cdots,x_{n-1},\boldsymbol{j}x_n)\cdot(y_1,\cdots,y_{n-1},\boldsymbol{j}y_n)\\&=x_1y_1+x_2y_2+\cdots+x_{n-1}y_{n-1}-x_ny_n,\ \forall\boldsymbol{w},\boldsymbol{u}\in M_n.\end{aligned}$$

对于任意

$$\boldsymbol{w}=(x_1,\cdots,x_{n-1},\boldsymbol{j}x_n)=\boldsymbol{r}+x_n\boldsymbol{j}\in M_n,$$

其 M 模为

$$\sigma_M(\boldsymbol{w})=\sqrt{|\boldsymbol{w}\cdot\boldsymbol{w}|}=\sqrt{|x_1^2+x_2^2+\cdots+x_{n-1}^2-x_n^2|}=\sqrt{\sigma_E(\boldsymbol{r})^2-x_n^2},$$

其中 $\sigma_E(\boldsymbol{r})=\sqrt{x_1^2+x_2^2+\cdots+x_{n-1}^2}$.

显然，所有 $n-1$ 维实位置向量 $\mathbb{R}^{n-1}=\{\boldsymbol{w}\in\mathbb{R}^{n-1,1}\mid x_n=0\}$ 是一个欧式向量空间. 对于任意 $\boldsymbol{r}_1$，$\boldsymbol{r}_2\in\mathbb{R}^{n-1}$，有 $\sigma_M(\boldsymbol{r}_1+\boldsymbol{r}_2)\leqslant\sigma_M(\boldsymbol{r}_1)+\sigma_M(\boldsymbol{r}_2)$，即它们的 M 模满足三角不等式.

以 $\boldsymbol{w}_0=(x_{11},\cdots,x_{1(n-1)},x_{1n}\boldsymbol{j})\in M_n$ 为中心的点球记为

$$\boldsymbol{C}(\boldsymbol{w}_0,0)=\{z\mid\sigma_M(\boldsymbol{w}-\boldsymbol{w}_0)=0\}.$$

n 维欧式空间中的点球就是一个点，而在 n 维 Minkowski 空间中点球不再是一个点，点球的方程为

$$(x_1-x_{11})^2+\cdots+(x_n-x_{1(n-1)})^2=(x_n-x_{1n})^2.$$

因此，在 n 维 Minkowski 空间中，两点球必相交.

特别地，在三维 Minkowski 空间中，两不同点球 $\boldsymbol{C}(\boldsymbol{w}_1, 0)$，$\boldsymbol{C}(\boldsymbol{w}_2, 0)$ 的交集方程为

$$\begin{cases}(x-x_1)^2+(y-y_1)^2-(z-z_1)^2=0,\\ (x-x_2)^2+(y-y_2)^2-(z-z_2)^2=0,\end{cases}\tag{5.1}$$

其中 $\boldsymbol{w}_1=(x_1,y_1,z_1\boldsymbol{j}),\boldsymbol{w}_2=(x_2,y_2,z_2\boldsymbol{j})$.

整理得

$$\begin{cases}(x-x_1)^2+(y-y_1)^2=(z-z_1)^2,\\ (x_2-x_1)x+(y_2-y_1)y-(z_2-z_1)z=\dfrac{1}{2}(\sigma_M(\boldsymbol{w}_2)-\sigma_M(\boldsymbol{w}_1)).\end{cases}\tag{5.2}$$

点球

$$\boldsymbol{C}(0,0)=\{(x_1,\cdots,x_{n-1},x_n\boldsymbol{j})\mid x_1^2+\cdots+x_{n-1}^2=x_n^2\}$$

把 n 维 Minkowski 空间分成四个区域：

(1) $M_n(1)=\{\boldsymbol{w}\mid\boldsymbol{w}=\boldsymbol{r}+x_n\boldsymbol{j},\sigma_E(\boldsymbol{r})\leqslant x_n\}$；

(2) $M_n(2)=\{\boldsymbol{w}\mid\boldsymbol{w}=\boldsymbol{r}+x_n\boldsymbol{j},\sigma_E(\boldsymbol{r})\geqslant x_n,x_n>0\}$；

(3) $M_n(3)=\{\boldsymbol{w}\mid\boldsymbol{w}=\boldsymbol{r}+x_n\boldsymbol{j},\sigma_E(\boldsymbol{r})\leqslant -x_n\}$；

(4) $M_n(4)=\{\boldsymbol{w}\mid\boldsymbol{w}=\boldsymbol{r}+x_n\boldsymbol{j},\sigma_E(\boldsymbol{r})\geqslant -x_n,x_n<0\}$.

在 $M_n(i)$，$i=1,2,3,4$ 中定义序关系 $\preceq_i$，$i=1,2,3,4$ 为

$$\boldsymbol{w}_1\preceq_i\boldsymbol{w}_2\Leftrightarrow\boldsymbol{w}_2-\boldsymbol{w}_1\in M_n(i),i=1,2,3,4.$$

引理 5.1 $M_n(1)$，$M_n(3)$ 对于“+”都是半群.

证明 仅就 $M_n(1)$ 对于“+”是半群给予证明，$M_n(3)$ 对于

“+”是半群的证明类似.

对于 $M_n(1)$ 中任意两向量

$$\boldsymbol{w}_1=\boldsymbol{r}_1+x_{1n}\boldsymbol{j},\boldsymbol{w}_2=\boldsymbol{r}_2+x_{2n}\boldsymbol{j},$$

其中 $\sigma(\boldsymbol{r}_1)\leqslant x_{1n},\sigma(\boldsymbol{r}_2)\leqslant x_{2n}$.

$$\boldsymbol{w}_1+\boldsymbol{w}_2=\boldsymbol{r}_1+\boldsymbol{r}_2+\boldsymbol{j}(x_{1n}+x_{2n}),\sigma_E(\boldsymbol{r}_1+\boldsymbol{r}_2)\leqslant\sigma_E(\boldsymbol{r}_1)+\sigma_E(\boldsymbol{r}_2)\leqslant x_{1n}+x_{2n}.$$

因此，$M_n(1)$ 对于“+”是封闭的. 易知 $M_n(1)$ 对于“+”满足结合律，于是 $M_n(1)$ 是半群.

由于在 $M_n(1)$，$M_n(3)$ 中任意非零元都没有逆元，所以 $M_n(1)$，$M_n(3)$ 不能构成群.

定理 5.1 （$M_n(1)$，+），（$M_n(3)$，+）分别关于序 $\underline{\prec}_1$，$\underline{\prec}_3$ 是格序半群.

证明 仅就（$M_n(1)$，+）关于 $\underline{\prec}_1$ 是格序半群给予证明，类似地可以证明（$M_n(3)$，+）关于 $\underline{\prec}_3$ 是格序半群.

对于 $M_n(1)$ 中任意两向量

$$\boldsymbol{w}_1=\boldsymbol{r}_1+x_{1n}\boldsymbol{j},\boldsymbol{w}_2=\boldsymbol{r}_2+x_{2n}\boldsymbol{j},$$

其中 σ（$\boldsymbol{r}_1$）$\leqslant x_{1n}$，σ（$\boldsymbol{r}_2$）$\leqslant x_{2n}$. 当 $\boldsymbol{w}_1$，$\boldsymbol{w}_2$ 有偏序关系时，不妨设 $\boldsymbol{w}_1\underline{\prec}_1\boldsymbol{w}_2$，令

$$\boldsymbol{w}_1\wedge\boldsymbol{w}_2=\boldsymbol{w}_2,\boldsymbol{w}_1\vee\boldsymbol{w}_2=\boldsymbol{w}_2.$$

当 $\boldsymbol{w}_1$，$\boldsymbol{w}_2$ 没有偏序关系时，令

$$\boldsymbol{w}_1\wedge\boldsymbol{w}_2=\frac{\boldsymbol{w}_1+\boldsymbol{w}_2}{2},\boldsymbol{w}_1\vee\boldsymbol{w}_2=-\frac{\boldsymbol{r}_1+\boldsymbol{r}_2}{2}+\boldsymbol{j}\frac{x_{1n}+x_{2n}}{2}.$$

因此 $M_n(1)$ 为格. 易知，

$$\boldsymbol{w}_1+(\boldsymbol{w}_2\wedge\boldsymbol{w}_3)=(\boldsymbol{w}_1+\boldsymbol{w}_2)\wedge(\boldsymbol{w}_1+\boldsymbol{w}_3),$$

$$\boldsymbol{w}_1+(\boldsymbol{w}_2\vee\boldsymbol{w}_3)=(\boldsymbol{w}_1+\boldsymbol{w}_2)\vee(\boldsymbol{w}_1+\boldsymbol{w}_3).$$

由引理 5.1 可知 $M_n(1)$ 是半群，所以 $M_n(1)$ 是格序半群.

推论 5.1 （$M_n(1)$，$+$），（$M_n(3)$，$+$）分别关于序 $\preceq_1$，$\preceq_3$ 是实数域ℝ 上的格序半线性空间.

设 $\boldsymbol{w}_0=\boldsymbol{r}_0+x_{0n}\boldsymbol{j}\in M_n$ 为已知向量，令

(1) $M_n(1,\boldsymbol{w}_0)=\{\boldsymbol{w}\mid\boldsymbol{w}-\boldsymbol{w}_0=\boldsymbol{r}+x_n\boldsymbol{j},\sigma_E(\boldsymbol{r})\leqslant x_n\}$,

(2) $M_n(2,\boldsymbol{w}_0)=\{\boldsymbol{w}\mid\boldsymbol{w}-\boldsymbol{w}_0=\boldsymbol{r}+x_n\boldsymbol{j},\sigma_E(\boldsymbol{r})\geqslant x_n,x_n>0\}$,

(3) $M_n(3,\boldsymbol{w}_0)=\{\boldsymbol{w}\mid\boldsymbol{w}-\boldsymbol{w}_0=\boldsymbol{r}+x_n\boldsymbol{j},\sigma_E(\boldsymbol{r})\leqslant -x_n\}$,

(4) $M_n(4,\boldsymbol{w}_0)=\{\boldsymbol{w}\mid\boldsymbol{w}-\boldsymbol{w}_0=\boldsymbol{r}+x_n\boldsymbol{j},\sigma_E(\boldsymbol{r})\geqslant -x_n,x_n<0\}$.

推论 5.2 （$M_n(1,\ \boldsymbol{w}_0)$，$+$），（$M_n(3,\ \boldsymbol{w}_0)$，$+$）分别关于序 $\preceq_1$，$\preceq_3$ 是实数域ℝ 上的格序半线性空间.

6 实 Clifford 代数在量子通信上的应用

6.1 2 比特 X 态通过幅值阻尼信道相干性相对熵的演变

量子相干性起源于量子态的叠加，作为量子力学的重要特征之一，它描述了量子系统中出现的量子干涉现象，它同量子纠缠和其他的量子关联一样改变了人们对自然界的认知．量子相干性是量子力学的重要特征之一，它在量子生物[70－72]、量子热力学[73－75,101]、量子计量学[76,99,100]、量子光学[77－79]等方面都有着应用．量子相干性被认为是一种物理资源，它是量子信息处理、量子计量学、量子光学、量子生物学等学科中的基本要素．量子相干性作为资源得到了人们的重视和广泛研究．近年来，人们建立了一个量化相干性的严密构架，这个构架是由四个条件构成的，基于这个构架，人们提出了如相干性的范数度量、相干性相对熵度量、相干性迹范数度量等一些相干性的度量．

6.1.1 第一子系统通过幅值阻尼信道时相干性相对熵度量

首先介绍 2 比特 X 态．利用适当的酉变换，可以把任意 2 比特

态写成

$$\boldsymbol{\rho} = \frac{1}{4}(\boldsymbol{I} \otimes \boldsymbol{I} + \boldsymbol{R} \cdot \sigma \otimes \boldsymbol{I} + \boldsymbol{I} \otimes \boldsymbol{S} \cdot \sigma + \sum_{i=1}^{3} c_i\sigma_i \otimes \sigma_i), \tag{6.1}$$

其中 $\boldsymbol{R}$，$\boldsymbol{S}$ 是 Bloch 向量，$\{\sigma_i\}_{i=1}^{3}$ 是 Pauli 矩阵．当 $\boldsymbol{R}=\boldsymbol{S}=\boldsymbol{0}$ 时，$\boldsymbol{\rho}$ 退化成2 比特贝尔对角态．假设 Bloch 向量是 z 方向的，即 $\boldsymbol{R}=(0,0,r)$，$\boldsymbol{S}=(0,0,s)$，式（6.1）可化为以下形式：

$$\boldsymbol{\rho} = \frac{1}{4}(\boldsymbol{I} \otimes \boldsymbol{I} + r\sigma_3 \otimes \boldsymbol{I} + \boldsymbol{I} \otimes s\sigma_3 + \sum_{i=1}^{3} c_i\sigma_i \otimes \sigma_i). \tag{6.2}$$

在计算基 $|00\rangle$，$|01\rangle$，$|10\rangle$，$|11\rangle$ 下，2 比特 X 态的密度矩阵 $\boldsymbol{\rho}$ 为

$$\boldsymbol{\rho} = \frac{1}{4}\begin{pmatrix} 1+r+s+c_3 & 0 & 0 & c_1-c_2 \\ 0 & 1+r-s-c_3 & c_1+c_2 & 0 \\ 0 & c_1+c_2 & 1-r+s-c_3 & 0 \\ c_1-c_2 & 0 & 0 & 1-r-s+c_3 \end{pmatrix}, \tag{6.3}$$

其中 r，s，c_1，c_2，$c_3 \in [-1, 1]$．

接下来，计算 5 参数 2 比特 X 态第一子系统通过幅值阻尼信道输出态．

令 $\boldsymbol{E}_0=\begin{pmatrix} 1 & 0 \\ 0 & \sqrt{1-g} \end{pmatrix}$，$\boldsymbol{E}_1=\begin{pmatrix} 0 & \sqrt{g} \\ 0 & 0 \end{pmatrix}$，$g \in [0, 1]$，5 参数 2 比特 X 态第一子系统通过幅值阻尼信道 1 次输出态为 $\boldsymbol{\rho}_1^1 = \boldsymbol{E}_0 \otimes \boldsymbol{I}\boldsymbol{\rho}\boldsymbol{E}_0^{\dagger} \otimes \boldsymbol{I} + \boldsymbol{E}_1 \otimes \boldsymbol{I}\boldsymbol{\rho}\boldsymbol{E}_1^{\dagger} \otimes \boldsymbol{I}$. 因为 $\boldsymbol{E}_1^2=\boldsymbol{0}$，$\boldsymbol{E}_0\boldsymbol{E}_1=\boldsymbol{E}_1$，$\boldsymbol{E}_1\boldsymbol{E}_0=\sqrt{1-g}\boldsymbol{E}_1$，第一子系

统通过幅值阻尼信道 n 次，5 参数 2 比特 X 态输出态为

$$\begin{aligned}\boldsymbol{\rho}_1^n &= \boldsymbol{E}_0 \otimes \boldsymbol{I}\boldsymbol{\rho}_1^{n-1}\boldsymbol{E}_0^\dagger \otimes \boldsymbol{I} + \boldsymbol{E}_1 \otimes \boldsymbol{I}\boldsymbol{\rho}_1^{n-1}\boldsymbol{E}_1^\dagger \otimes \boldsymbol{I} \\ &= \boldsymbol{E}_0^n \otimes \boldsymbol{I}\boldsymbol{\rho}(\boldsymbol{E}_0^n)^\dagger \otimes \boldsymbol{I} + \sum_{i=0}^{n-1} \boldsymbol{E}_1\boldsymbol{E}_0^{n-i-1} \otimes \boldsymbol{I}\boldsymbol{\rho}(\boldsymbol{E}_1\boldsymbol{E}_0^{n-i-1})^\dagger \otimes \boldsymbol{I} \\ &= \boldsymbol{E}_0^n \otimes \boldsymbol{I}\boldsymbol{\rho}\boldsymbol{E}_0^n \otimes \boldsymbol{I} + \sum_{i=0}^{n-1} \boldsymbol{E}_1\boldsymbol{E}_0^{n-i-1} \otimes \boldsymbol{I}\boldsymbol{\rho}\boldsymbol{E}_0^{n-i-1}\boldsymbol{E}_1^\dagger \otimes \boldsymbol{I}.\end{aligned} \tag{6.4}$$

通过直接计算，得到

$$\boldsymbol{\rho}_1^n = \frac{1}{4}\begin{pmatrix} \boldsymbol{A} & \boldsymbol{B} \\ \boldsymbol{C} & \boldsymbol{D} \end{pmatrix}, \tag{6.5}$$

其中

$$\boldsymbol{A} = \begin{pmatrix} 2(1+s)-(1+s-r-c_3)(1-g)^n & 0 \\ 0 & 2(1-s)-(1-s-r+c_3)(1-g)^n \end{pmatrix},$$

$$\boldsymbol{B} = \begin{pmatrix} 0 & (c_1-c_2)(1-g)^{\frac{n}{2}} \\ (c_1+c_2)(1-g)^{\frac{n}{2}} & 0 \end{pmatrix},$$

$$\boldsymbol{C} = \begin{pmatrix} 0 & (c_1+c_2)(1-g)^{\frac{n}{2}} \\ (c_1-c_2)(1-g)^{\frac{n}{2}} & 0 \end{pmatrix},$$

$$\boldsymbol{D} = \begin{pmatrix} (1+s-r-c_3)(1-g)^n & 0 \\ 0 & (1-s-r+c_3)(1-g)^n \end{pmatrix}.$$

下面计算输出态 $\boldsymbol{\rho}_1^n$ 的相干性相对熵度量，根据相对熵公式 $C_r(\boldsymbol{\rho}) = S(\boldsymbol{\rho}_{diag}) - S(\boldsymbol{\rho})$，其中 $S(\boldsymbol{\rho}) = -\mathrm{tr}(\boldsymbol{\rho}\log_2\boldsymbol{\rho}) = -\sum_k \lambda_x \log_2 \lambda_x$，

λ_x 是$\boldsymbol{\rho}$ 的特征值，$S(\boldsymbol{\rho})$ 是 von Neumann 熵 . $\boldsymbol{\rho}_{1diag}^n$的特征值为

$$\lambda_1 = \frac{1}{4}[2(1+s) - (1+s-r-c_3)(1-g)^n],$$

$$\lambda_2 = \frac{1}{4}[2(1-s) - (1-s-r+c_3)(1-g)^n],$$

$$\lambda_3 = \frac{1}{4}(1+s-r-c_3)(1-g)^n,$$

$$\lambda_4 = \frac{1}{4}(1-s-r+c_3)(1-g)^n.$$

$\boldsymbol{\rho}_1^n$ 的特征值为

$$\widehat{\lambda}_1 = \frac{1}{4}\{s+1+(c_3-s)(1-g)^n + [(s+1)^2 + (c_1^2+c_2^2+2r-2s-2-2c_1c_2+2rs)(1-g)^n + (r-1)^2(1-g)^{2n}]^{\frac{1}{2}}\},$$

$$\widehat{\lambda}_2 = \frac{1}{4}\{s+1+(c_3-s)(1-g)^n - [(s+1)^2 + (c_1^2+c_2^2+2r-2s-2-2c_1c_2+2rs)(1-g)^n + (r-1)^2(1-g)^{2n}]^{\frac{1}{2}}\},$$

$$\widehat{\lambda}_3 = \frac{1}{4}\{1-s+(s-c_3)(1-g)^n + [(s-1)^2 + (c_1^2+c_2^2+2r+2s-2+2c_1c_2-2rs)(1-g)^n + (r-1)^2(1-g)^{2n}]^{\frac{1}{2}}\},$$

$$\widehat{\lambda}_4 = \frac{1}{4}\{1-s+(s-c_3)(1-g)^n - [(s-1)^2 + (c_1^2+c_2^2+2r+2s-2+2c_1c_2-2rs)(1-g)^n + (r-1)^2(1-g)^{2n}]^{\frac{1}{2}}\}.$$

输出态$\boldsymbol{\rho}_1^n$ 的相干性相对熵度量是

$$C_r(\boldsymbol{\rho}_1^n) = S(\boldsymbol{\rho}_{1diag}^n) - S(\boldsymbol{\rho}_1^n) = -\sum_{i=1}^{4}\lambda_i\log_2\lambda_i + \sum_{i=1}^{4}\widehat{\lambda}_i\log_2\widehat{\lambda}_i.$$

接下来，我们研究第一子系统通过幅值阻尼信道 n 次输出态

$\boldsymbol{\rho}_1^n$ 的相干性相对熵度量（见图 6.1 ~ 图 6.3）.

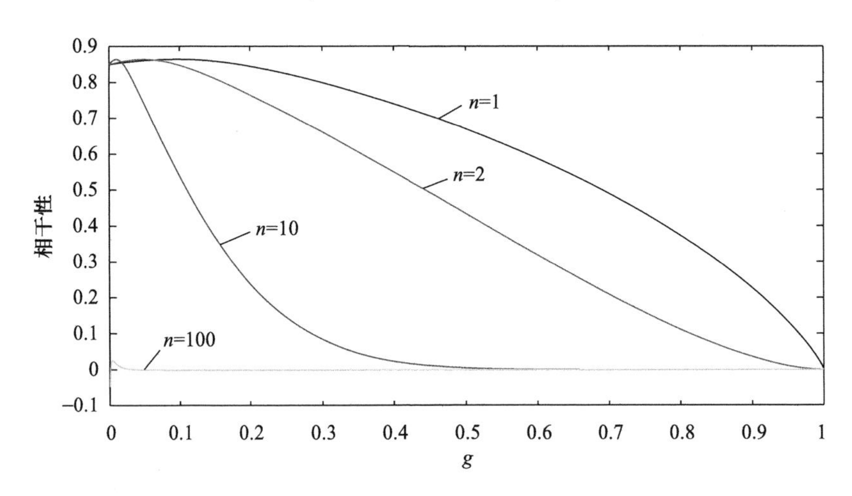

图 6.1　输出态 $\boldsymbol{\rho}_1^n$ 作为 g 的函数相干性相对熵

注：$c_1=0.3$，$c_2=-0.4$，$c_3=0.56$，$r=0.2$，$s=0.3$，

$n=1$，2，10，100，$g\in[0,1]$.

如图 6.1 所示，n 是第一子系统通过幅值阻尼信道的次数，我们发现无论 n 为多少，通过幅值阻尼信道后，2 比特 X 态的相干性相对熵度量总是随着幅值阻尼信道参数 g 的增大而增大. 随着 g 的增大，2 比特 X 态的相干性相对熵曲线的曲率逐渐增大，而且当 n 比较大时，相干性相对熵随着信道参数变大，并出现了冰冻现象.

图 6.2 中的 n 表示第一子系统通过幅值阻尼信道的次数，我们发现无论 n 为多少，通过幅值阻尼信道后，2 比特 X 态的相干性相对熵度量总是随着幅值阻尼信道参数 g 的增大而增大. 随着 n 的增大，2 比特 X 态的相干性相对熵曲线的曲率逐渐增大，而且当 n 比较大时，相干性相对熵随着信道参数变大，并出现了冰冻现象.

图 6.3 与图 6.2 非常相似，这里就不再讨论了.

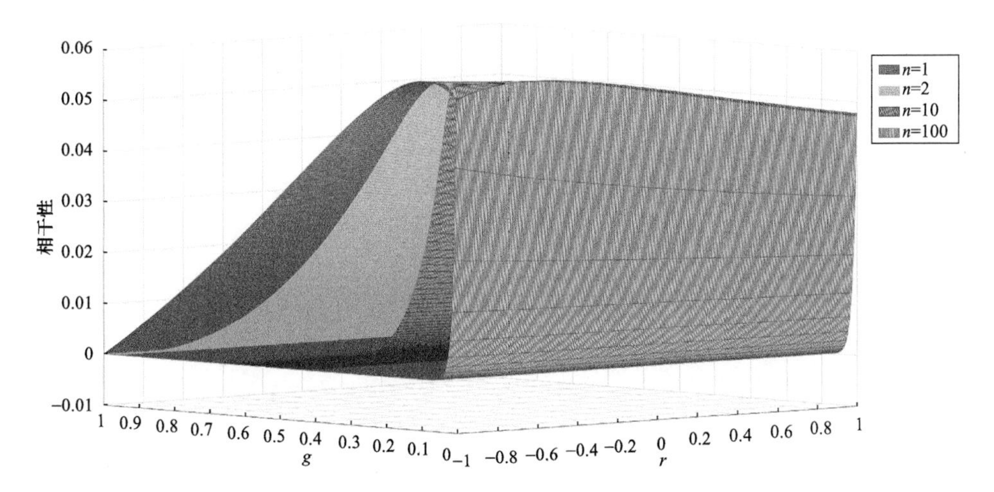

图 6.2　输出态 $\boldsymbol{\rho}_1^n$ 作为 $\boldsymbol{r}$ 和 g 的函数相干性相对熵

注：$c_1=0.9$，$c_2=0.1$，$c_3=0.4$，$s=1$，$n=1$，2，10，100，

$r\in[-1,1]$，$g\in[0,1]$.

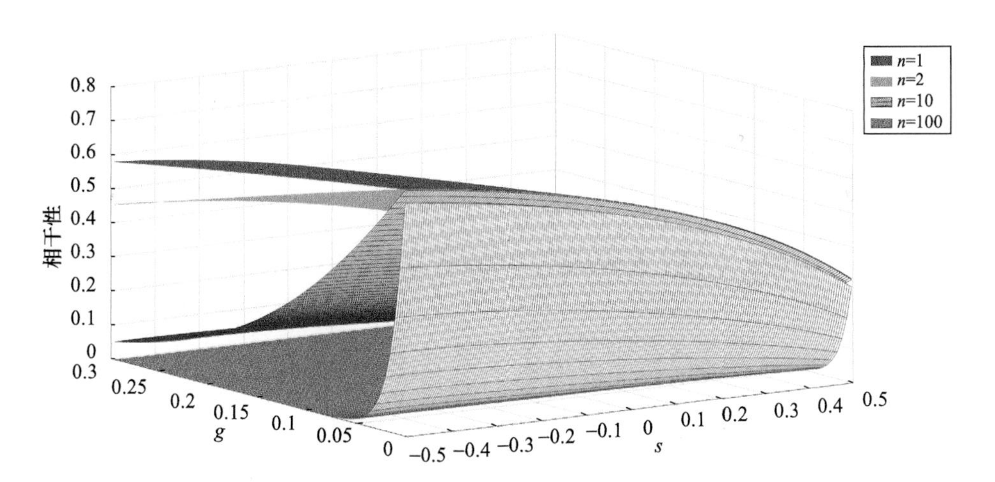

图 6.3　输出态 $\boldsymbol{\rho}_1^n$ 作为 s 和 g 的函数相干性相对熵

注：$c_1=1$，$c_2=-0.4$，$c_3=0.56$，$r=0.9$，$n=1$，2，10，100，

$s\in[-0.5,0.5]$，$g\in[0,0.3]$.

接下来，我们计算当第二子系统通过幅值阻尼信道时 5 参数 2 比特 X 态的输出态.

在计算基$|00\rangle$，$|01\rangle$，$|10\rangle$，$|11\rangle$下，2 比特态的密度矩阵$\boldsymbol{\rho}$为

$$\boldsymbol{\rho}=\frac{1}{4}\begin{pmatrix}1+r+s+c_3 & 0 & 0 & c_1-c_2\\ 0 & 1+r-s-c_3 & c_1+c_2 & 0\\ 0 & c_1+c_2 & 1-r+s-c_3 & 0\\ c_1-c_2 & 0 & 0 & 1-r-s+c_3\end{pmatrix},\tag{6.6}$$

其中r，s，c_1，c_2，$c_3\in[-1,1]$. 令$\boldsymbol{E}_0=\begin{pmatrix}1 & 0\\ 0 & \sqrt{1-g}\end{pmatrix}$，$\boldsymbol{E}_1=\begin{pmatrix}0 & \sqrt{g}\\ 0 & 0\end{pmatrix}$，$g\in[0,1]$，当第二子系统通过幅值阻尼信道 1 次时，5 参数 2 比特 X 态的输出态是$\boldsymbol{\rho}_2^1=\boldsymbol{I}\otimes\boldsymbol{E}_0\boldsymbol{\rho}\boldsymbol{I}\otimes\boldsymbol{E}_0^\dagger+\boldsymbol{I}\otimes\boldsymbol{E}_1\boldsymbol{\rho}\boldsymbol{I}\otimes\boldsymbol{E}_1^\dagger$. 因为$\boldsymbol{E}_1^2=\boldsymbol{0}$，$\boldsymbol{E}_0\boldsymbol{E}_1=\boldsymbol{E}_1$，$\boldsymbol{E}_1\boldsymbol{E}_0=\sqrt{1-g}\boldsymbol{E}_1$，当第二子系统通过幅值阻尼信道$n$次时，输出态是

$$\begin{aligned}\boldsymbol{\rho}_2^n&=\boldsymbol{I}\otimes\boldsymbol{E}_0\boldsymbol{\rho}_2^{n-1}\boldsymbol{I}\otimes\boldsymbol{E}_0^\dagger+\boldsymbol{I}\otimes\boldsymbol{E}_1\boldsymbol{\rho}_2^{n-1}\boldsymbol{I}\otimes\boldsymbol{E}_1^\dagger\\&=\boldsymbol{I}\otimes\boldsymbol{E}_0^n\boldsymbol{\rho}\boldsymbol{I}\otimes\boldsymbol{E}_0^n+\sum_{i=0}^{n-1}\boldsymbol{I}\otimes\boldsymbol{E}_1\boldsymbol{E}_0^{n-i-1}\boldsymbol{\rho}\boldsymbol{I}\otimes\boldsymbol{E}_0^{n-i-1}\boldsymbol{E}_1^\dagger.\end{aligned}\tag{6.7}$$

通过直接计算，得到

$$\boldsymbol{\rho}_2^n=\frac{1}{4}\begin{pmatrix}\boldsymbol{E} & \boldsymbol{F}\\ \boldsymbol{G} & \boldsymbol{H}\end{pmatrix},\tag{6.8}$$

其中

$$\boldsymbol{E}=\begin{pmatrix}2(1+r)-(1+r-s-c_3)(1-g)^n & 0\\ 0 & (1+r-s-c_3)(1-g)^n\end{pmatrix},$$

$$\boldsymbol{F}=\begin{pmatrix} 0 & (c_1-c_2)(1-g)^{\frac{n}{2}} \\ (c_1+c_2)(1-g)^{\frac{n}{2}} & 0 \end{pmatrix},$$

$$\boldsymbol{G}=\begin{pmatrix} 0 & (c_1+c_2)(1-g)^{\frac{n}{2}} \\ (c_1-c_2)(1-g)^{\frac{n}{2}} & 0 \end{pmatrix},$$

$$\boldsymbol{H}=\begin{pmatrix} 2(1-r)-(1-r-s+c_3)(1-g)^n & 0 \\ 0 & (1-r-s+c_3)(1-g)^n \end{pmatrix}.$$

根据相对熵公式 $C_r(\boldsymbol{\rho})=S(\boldsymbol{\rho}_{diag})-S(\boldsymbol{\rho})$，其中 $S(\boldsymbol{\rho})=-\mathrm{tr}(\boldsymbol{\rho}\log_2\boldsymbol{\rho})=-\sum_k\lambda_x\log_2\lambda_x$，$\lambda_x$ 是量子态 $\boldsymbol{\rho}$ 的特征值，计算输出态 $\boldsymbol{\rho}_2^n$ 的相干性相对熵度量. 我们发现，输出态 $\boldsymbol{\rho}_2^n$ 的相干性相对熵度量与输出态 $\boldsymbol{\rho}_1^n$ 的相干性相对熵度量非常相似，这里就不重复介绍了.

6.1.2 第二子系统通过幅值阻尼信道时相干性相对熵度量

当 5 参数 2 比特 X 态的两个子系统都通过幅值阻尼信道 n 次时，输出态是

$$\boldsymbol{\rho}^n=\sum_{i_1,\cdots,i_n,j_1,\cdots,j_n\in\{0,1\}}\boldsymbol{E}_{i_1,\cdots,i_n}\otimes\boldsymbol{E}_{j_1,\cdots,j_n}\boldsymbol{\rho}(\boldsymbol{E}_{i_1,\cdots,i_n}\otimes\boldsymbol{E}_{j_1,\cdots,j_n})^{\dagger}. \tag{6.9}$$

通过直接计算，可以得到

$$\boldsymbol{\rho}^n=\frac{1}{4}\begin{pmatrix}\boldsymbol{K} & \boldsymbol{L}\\ \boldsymbol{M} & \boldsymbol{N}\end{pmatrix}, \tag{6.10}$$

其中

$$K=\begin{pmatrix} 4-2(2-r-s)(1-g)^n+ \\ (1-r-s+c_3)(1-g)^{2n} & 0 \\ 0 & [2(1-s)-(1-r-s+c_3)\cdot \\ & (1-g)^n](1-g)^n \end{pmatrix},$$

$$L=\begin{pmatrix} 0 & (c_1-c_2)(1-g)^n \\ (c_1+c_2)(1-g)^n & 0 \end{pmatrix},$$

$$M=\begin{pmatrix} 0 & (c_1+c_2)(1-g)^n \\ (c_1-c_2)(1-g)^n & 0 \end{pmatrix},$$

$$N=\begin{pmatrix} [2(1-r)-(1-r-s+c_3)(1-g)^n](1-g)^n & 0 \\ 0 & (1-r-s+c_3)(1-g)^{2n} \end{pmatrix}.$$

接下来，根据相对熵公式 $C_r(\boldsymbol{\rho})=S(\boldsymbol{\rho}_{diag})-S(\boldsymbol{\rho})$，其中 $S(\boldsymbol{\rho})=-\mathrm{tr}(\boldsymbol{\rho}\log_2\boldsymbol{\rho})=-\sum_k\lambda_x\log_2\lambda_x$，$\lambda_x$ 是量子态 $\boldsymbol{\rho}$ 的特征值，$S(\boldsymbol{\rho})$ 是 von Neumann 熵，计算输出态 $\boldsymbol{\rho}^n$ 的相干性相对熵度量．2 比特 X 态 $\boldsymbol{\rho}^n_{diag}$ 的特征值是

$$\mu_1=\frac{1}{4}[4-2(2-r-s)(1-g)^n+(1-r-s+c_3)(1-g)^{2n}],$$

$$\mu_2=\frac{1}{4}[2(1-s)-(1-r-s+c_3)(1-g)^n](1-g)^n,$$

$$\mu_3=\frac{1}{4}[2(1-r)-(1-r-s+c_3)(1-g)^n](1-g)^n,$$

$$\mu_4=\frac{1}{4}(1-r-s+c_3)(1-g)^{2n}.$$

2 比特 X 态 $\boldsymbol{\rho}^n$ 的特征值是

$$\widehat{\mu_1} = \frac{1}{4}[(r+s-c_3-1)(1-g)^{2n} + (c_1^2+2c_1c_2+c_2^2+r^2-2rs+s^2)^{\frac{1}{2}}(1-g)^n],$$

$$\widehat{\mu_2} = \frac{1}{4}\{(r+s-c_3-1)(1-g)^{2n} + [2-r-s-(c_1^2+2c_1c_2+c_2^2+r^2-2rs+s^2)^{\frac{1}{2}}](1-g)^n\},$$

$$\widehat{\mu_3} = \frac{1}{4}\{(c_3+1-r-s)(1-g)^{2n} + (r+s-2)(1-g)^n + 2 + [(4-4s-4r+c_1^2+c_2^2+r^2+s^2-2c_1c_2+2rs)(1-g)^{2n} + 4(r+s-2)(1-g)^n+4]^{\frac{1}{2}}\},$$

$$\widehat{\mu_4} = \frac{1}{4}\{(c_3+1-r-s)(1-g)^{2n} + (r+s-2)(1-g)^n + 2 - [(4-4s-4r+c_1^2+c_2^2+r^2+s^2-2c_1c_2+2rs)(1-g)^{2n} + 4(r+s-2)(1-g)^n+4]^{\frac{1}{2}}\}.$$

输出态$\boldsymbol{\rho}^n$的相干性相对熵度量是

$$C_r(\boldsymbol{\rho}^n) = S(\boldsymbol{\rho}^n_{diag}) - S(\boldsymbol{\rho}^n) = -\sum_{i=1}^{4}\mu_i\log_2\mu_i + \sum_{i=1}^{4}\widehat{\mu_i}\log_2\widehat{\mu_i}.$$

接下来，我们探究当5参数2比特X态的两个子系统都通过幅值阻尼信道n次时，输出态$\boldsymbol{\rho}^n$的相干性相对熵度量.

图6.4中n表示两个子系统通过幅值阻尼信道的次数，当幅值阻尼信道的参数g从0到1连续变化时，我们发现无论n是多少，输出态的相干性相对熵度量均逐渐减小. 随着n（$n>1$）的增大，2比特X态的相干性相对熵曲线的曲率逐渐增大，并且当n比较大时，相干性相对熵随着信道参数g变大，而且出现了冰冻现象.

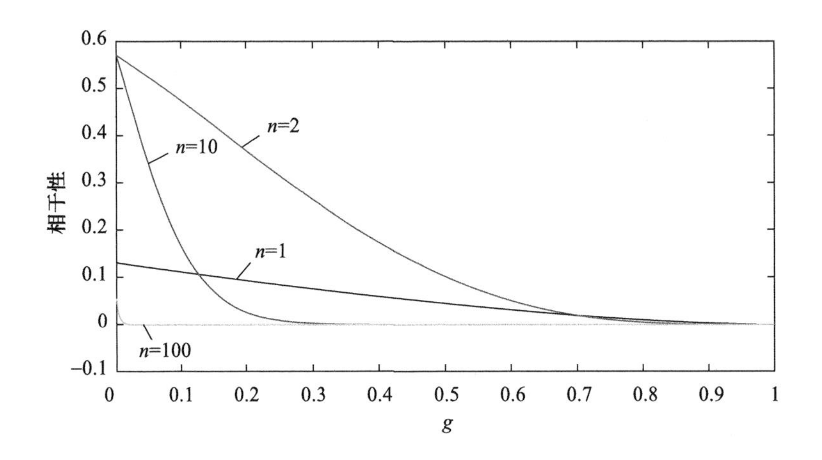

图 6.4　输出态 ρ^n 作为 g 的函数相干性相对熵

注：$c_1=0.3$，$c_2=-0.4$，$c_3=0.56$，$r=0.2$，$s=0.3$，

$n=1$，2，10，100，$g\in[0,1]$.

图 6.5 中 n 表示第二子系统通过幅值阻尼信道的次数．当幅值阻尼信道的参数 g 从 0 到 1 连续变化时，我们发现无论 n 是多少，输出态的相干性相对熵均逐渐减小．随着 n（$n>1$）的增大，2 比特 X 态的相干性相对熵曲线的曲率逐渐增大，并且当 n 比较大时，相干性相对熵随着信道参数 g 变大，而且出现了冰冻现象．

图 6.6 与图 6.5 的结果相似，这里就不再讨论了．

本节首先计算了当只有第一子系统通过幅值阻尼信道 n 次时，5 参数 2 比特 X 态的输出态相干性相对熵度量．我们发现无论 n 是多少，当幅值阻尼信道参数 g 从 0 到 1 连续变化时，输出态的相干性相对熵均逐渐减小．随着 n 的减小，相干性相对熵的曲线曲率逐渐变小．当相干性相对熵的 4 个参数被赋值时，可以得到相似的结论．而后我们计算了当两个子系统都经过幅值阻尼信道 n 次，4 个参数或 5 个参数被赋值时，5 参数 2 比特 X 态的输出态相干性相对熵的结果和第一子系统通过幅值阻尼信道的结果相似.

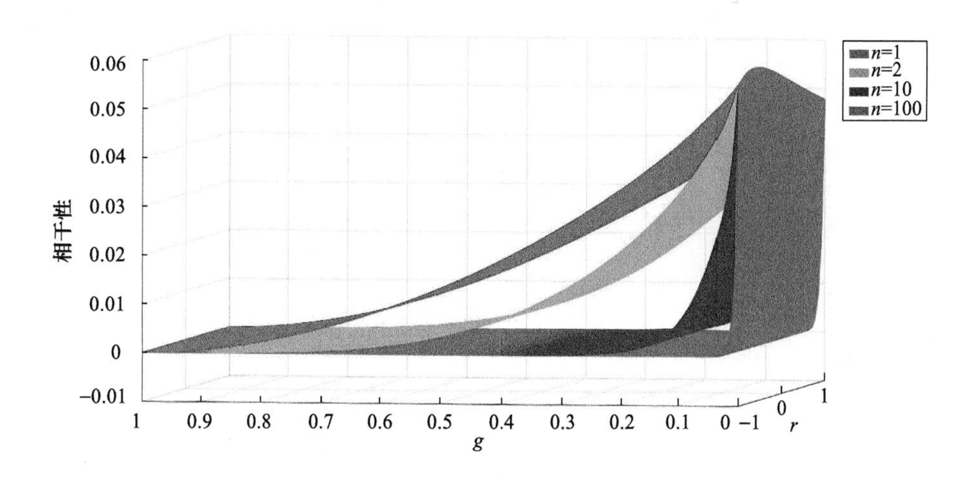

图 6.5 输出态 $\boldsymbol{\rho}^n$ 作为 r 和 g 的函数相干性相对熵

注：$c_1=0.9$，$c_2=0.1$，$c_3=0.4$，$s=1$，$n=1$，2，10，100，$r\in[-1, 1]$，$g\in[0, 1]$.

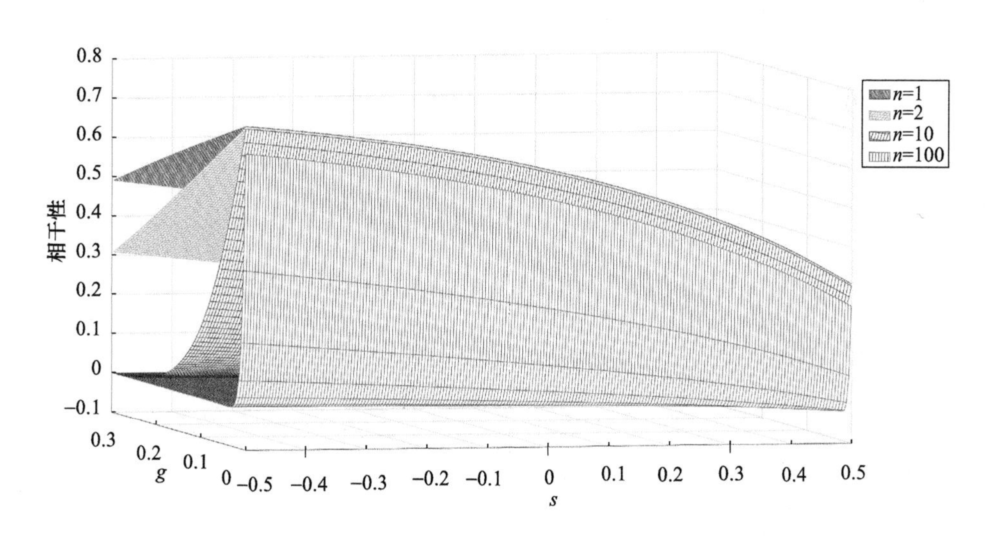

图 6.6 输出态 $\boldsymbol{\rho}^n$ 作为 s 和 g 的函数相干性相对熵

注：$c_1=1$，$c_2=-0.4$，$c_3=0.56$，$r=0.9$，

$n=1$，2，10，100，$s\in[-0.5, 0.5]$，$g\in[0, 0.3]$.

6.2 X 态在 3 维相互无偏基下的相干性相对熵的研究

相互无偏基（MUBs）在量子纠缠[93]、量子层析[94]、量子密码[95]等领域起着非常重要的作用. 1960 年，Schwinger[96]提出了 MUBs 的概念，Wootters 和 Fields[97]给出了 MUBs 的精确概念.

定义 6.1 d 维希尔伯特空间 C^d 的 $d+1$ 个正交基集 $\{A_k=\{|i_k\rangle\}_{i=0}^{d-1}\}$ 被称为相互无偏基，当且仅当

$$|\langle i_k|j_l\rangle|=\frac{1}{\sqrt{d}},\forall i,j\in\{0,1,\cdots,d-1\} \tag{6.11}$$

成立，其中所有的 $|i_k\rangle$ 和 $|j_l\rangle$ 分别属于 A_k 和 A_l.

Wootters 和 Fields[97]证明了 d 维希尔伯特空间 C^d 里 MUBs 的最大数 $N(d)$ 不会超过 $d+1$，当 d 是素数幂时，最大数 $N(d)$ 正是 $d+1$. 当 C^d 中 MUBs 的最大数 $N(d)$ 是 $d+1$ 时，MUBs 被称为完全 MUBs. 当希尔伯特空间 C^d 的维数 d 是合数时，MUBs 的最大集是开放问题[98].

相互无偏基常被用在量子相干性的研究中. 量子相干性是量子力学的重要特征之一，量子相干性被用到量子计量学[76,99,100]、量子热力学[73-75,101]等领域. T. Baumgratz 等利用计算量子纠缠的机制去计算量子相干性. 基于这种机制，有学者提出了一些量子相干性的度量，如相对熵度量[83]、迹范数度量[102]、l_1 范数度量[83]等. 在参考文献 [82] 中，量子相干性的相对熵度量被提出，即 $C_r(\boldsymbol{\rho})=S(\boldsymbol{\rho}_{diag})-S(\boldsymbol{\rho})$，其中 $S(\boldsymbol{\rho})=-\mathrm{tr}(\boldsymbol{\rho}\log_2\boldsymbol{\rho})=-\sum_k\lambda_x\log_2\lambda_x$，$\lambda_x$

是量子态 $\boldsymbol{\rho}$ 的特征值，$0\log 0 \equiv 0$，$S(\boldsymbol{\rho})$ 被定义成 von Neumann 熵．

在参考文献［104］中，计算了 X 态在 2 维和 3 维相互无偏基的相干性 l_1 范数度量．在参考文献［105］中，计算了在 2 维相互无偏基下 X 态的相干性 l_1 范数度量和几何度量，并且研究了它们之间的关系．在参考文献［106］中，研究了 2 比特 X 态的相干性相对熵的动力学演变．

基于这些文献，本节首先研究一类 X 态在完全 MUBs $\{\alpha_1, \alpha_2, \alpha_3, \alpha_4\}$ 下的密度矩阵 $\boldsymbol{\rho}_{X1}$，$\boldsymbol{\rho}_{X2}$，$\boldsymbol{\rho}_{X3}$，$\boldsymbol{\rho}_{X4}$，并且得到密度矩阵 $\boldsymbol{\rho}_{X1}$，$\boldsymbol{\rho}_{X2}$，$\boldsymbol{\rho}_{X3}$，$\boldsymbol{\rho}_{X4}$ 相互之间的关系．然后计算密度矩阵 $\boldsymbol{\rho}_{X1}$，$\boldsymbol{\rho}_{X2}$，$\boldsymbol{\rho}_{X3}$，$\boldsymbol{\rho}_{X4}$ 的相干性相对熵度量 $C_r(\boldsymbol{\rho}_{X1})$，$C_r(\boldsymbol{\rho}_{X2})$，$C_r(\boldsymbol{\rho}_{X3})$，$C_r(\boldsymbol{\rho}_{X4})$，并且得出相干性的相对熵度量 $C_r(\boldsymbol{\rho}_{X2})$，$C_r(\boldsymbol{\rho}_{X3})$，$C_r(\boldsymbol{\rho}_{X4})$ 相等．最后，讨论另外两类 X 态在完全 MUBs $\{\alpha_1, \alpha_2, \alpha_3, \alpha_4\}$ 下的密度矩阵 $\boldsymbol{\rho}_{Y1}$，$\boldsymbol{\rho}_{Y2}$，$\boldsymbol{\rho}_{Y3}$，$\boldsymbol{\rho}_{Y4}$ 和 $\boldsymbol{\rho}_{Z1}$，$\boldsymbol{\rho}_{Z2}$，$\boldsymbol{\rho}_{Z3}$，$\boldsymbol{\rho}_{Z4}$，并且得到它们的相干性相对熵度量的一些结果．

6.2.1 *X* 态在完全相互无偏基下的密度矩阵

对于一个 3 维的希尔伯特空间 C^3，有一个完全相互无偏基 $\{\alpha_1, \alpha_2, \alpha_3, \alpha_4\}$，

其中

$$\alpha_1 = \{|\alpha_{11}\rangle, |\alpha_{12}\rangle, |\alpha_{13}\rangle\} = \{|0\rangle, |1\rangle, |2\rangle\},$$

$$\alpha_2 = \{|\alpha_{21}\rangle, |\alpha_{22}\rangle, |\alpha_{23}\rangle\} = \left\{\frac{1}{\sqrt{3}}(|0\rangle + |1\rangle + |2\rangle),\right.$$

$$\left.\frac{1}{\sqrt{3}}(|0\rangle + \omega|1\rangle + \omega^2|2\rangle), \frac{1}{\sqrt{3}}(|0\rangle + \omega^2|1\rangle + \omega|2\rangle)\right\},$$

$$\alpha_3 = \{|\alpha_{31}\rangle, |\alpha_{32}\rangle, |\alpha_{33}\rangle\} = \left\{\frac{1}{\sqrt{3}}(|0\rangle + |1\rangle + \omega^2|2\rangle),\right. \tag{6.12}$$

$$\left.\frac{1}{\sqrt{3}}(|0\rangle + \omega^2|1\rangle + |2\rangle), \frac{1}{\sqrt{3}}(|0\rangle + \omega|1\rangle + \omega|2\rangle)\right\},$$

$$\alpha_4 = \{|\alpha_{41}\rangle, |\alpha_{42}\rangle, |\alpha_{43}\rangle\} = \left\{\frac{1}{\sqrt{3}}(|0\rangle + |1\rangle + \omega|2\rangle),\right.$$

$$\left.\frac{1}{\sqrt{3}}(|0\rangle + \omega|1\rangle + |2\rangle), \frac{1}{\sqrt{3}}(|0\rangle + \omega^2|1\rangle + \omega^2|2\rangle)\right\},$$

$\omega = e^{\frac{2\pi\sqrt{-1}}{3}}$. 为了计算方便，把上面的相互无偏基写成如下矩阵：

$$\begin{aligned}
(|\alpha_{11}\rangle, |\alpha_{12}\rangle, |\alpha_{13}\rangle) &= (|0\rangle, |1\rangle, |2\rangle)\boldsymbol{A},\\
(|\alpha_{21}\rangle, |\alpha_{22}\rangle, |\alpha_{23}\rangle) &= (|0\rangle, |1\rangle, |2\rangle)\boldsymbol{B},\\
(|\alpha_{31}\rangle, |\alpha_{32}\rangle, |\alpha_{33}\rangle) &= (|0\rangle, |1\rangle, |2\rangle)\boldsymbol{C},\\
(|\alpha_{41}\rangle, |\alpha_{42}\rangle, |\alpha_{43}\rangle) &= (|0\rangle, |1\rangle, |2\rangle)\boldsymbol{D},
\end{aligned} \tag{6.13}$$

其中

$$\boldsymbol{A} = \begin{pmatrix} 1 & 0 & 0 \\ 0 & 1 & 0 \\ 0 & 0 & 1 \end{pmatrix}, \quad \boldsymbol{B} = \frac{1}{\sqrt{3}}\begin{pmatrix} 1 & 1 & 1 \\ 1 & \omega & \omega^2 \\ 1 & \omega^2 & \omega \end{pmatrix}, \tag{6.14}$$

$$\boldsymbol{C} = \frac{1}{\sqrt{3}}\begin{pmatrix} 1 & 1 & 1 \\ 1 & \omega^2 & \omega \\ \omega^2 & 1 & \omega \end{pmatrix}, \quad \boldsymbol{D} = \frac{1}{\sqrt{3}}\begin{pmatrix} 1 & 1 & 1 \\ 1 & \omega & \omega^2 \\ \omega & 1 & \omega^2 \end{pmatrix}. \tag{6.15}$$

令 X 态在计算基 $\alpha_1 = \{\alpha_{11}, \alpha_{12}, \alpha_{13}\} = \{|0\rangle, |1\rangle, |2\rangle\}$ 下的密度矩阵为

$$\boldsymbol{\rho}_{X1}=\begin{pmatrix} x & 0 & z \\ 0 & 1-x-y & 0 \\ z & 0 & y \end{pmatrix}, \tag{6.16}$$

其中 x，y，$z\in\mathbb{R}$.

下面我们分别研究 X 态在计算基 α_2，α_3，α_4下的密度矩阵.

X 态在计算基 α_2下的密度矩阵是$\boldsymbol{\rho}_{X2}=\boldsymbol{B}^{\dagger}\boldsymbol{\rho}_{X1}\boldsymbol{B}$. 由于

$$\boldsymbol{B}=\frac{1}{\sqrt{3}}\begin{pmatrix} 1 & 1 & 1 \\ 1 & \omega & \omega^2 \\ 1 & \omega^2 & \omega \end{pmatrix},\quad \boldsymbol{B}^{\dagger}=\frac{1}{\sqrt{3}}\begin{pmatrix} 1 & 1 & 1 \\ 1 & \omega^2 & \omega \\ 1 & \omega & \omega^2 \end{pmatrix},$$

其中 $\boldsymbol{B}^{\dagger}$ 表示 $\boldsymbol{B}$ 的共轭转置矩阵，有

$$\boldsymbol{\rho}_{X2}=\boldsymbol{B}^{\dagger}\boldsymbol{\rho}_{X1}\boldsymbol{B}=\begin{pmatrix} a_{11} & a_{12} & a_{13} \\ a_{21} & a_{22} & a_{23} \\ a_{31} & a_{32} & a_{33} \end{pmatrix}, \tag{6.17}$$

其中

$$\begin{gathered} a_{11}=\frac{1+2z}{3},a_{12}=\frac{(3x+z-1)-\sqrt{3}(x+2y+z-1)i}{6}, \\ a_{22}=a_{33}=\frac{1-z}{3},a_{23}=\frac{(3x-2z-1)-\sqrt{3}(x+2y-2z-1)i}{6}, \\ a_{12}=\overline{a_{21}}=\overline{a_{13}}=a_{31},a_{23}=\overline{a_{32}}, \end{gathered} \tag{6.18}$$

$\overline{a_{ij}}$表示 a_{ij}的共轭.

X 态在计算基 α_3下的密度矩阵是$\boldsymbol{\rho}_{X3}=\boldsymbol{C}^{\dagger}\boldsymbol{\rho}_{X1}\boldsymbol{C}$. 因为

$$\boldsymbol{C}=\frac{1}{\sqrt{3}}\begin{pmatrix}1 & 1 & 1\\ 1 & \omega^2 & \omega\\ \omega^2 & 1 & \omega\end{pmatrix},$$

于是

$$\boldsymbol{\rho}_{X3}=\boldsymbol{C}^{\dagger}\boldsymbol{\rho}_{X1}\boldsymbol{C}=\begin{pmatrix}b_{11} & b_{12} & b_{13}\\ b_{21} & b_{22} & b_{23}\\ b_{31} & b_{32} & b_{33}\end{pmatrix},\tag{6.19}$$

其中

$$b_{11}=b_{33}=\frac{1-z}{3},b_{12}=\frac{(3x+z-1)+\sqrt{3}(x+2y+z-1)i}{6},$$

$$b_{13}=\frac{(3x-2z-1)-\sqrt{3}(x+2y-2z-1)i}{6},b_{22}=\frac{1+2z}{3},\tag{6.20}$$

$$b_{21}=\overline{b_{12}}=\overline{b_{23}}=b_{32},b_{13}=\overline{b_{31}}.$$

X 态在计算基 α_4 下的密度矩阵是 $\boldsymbol{\rho}_{X4}=\boldsymbol{D}^{\dagger}\boldsymbol{\rho}_{X1}\boldsymbol{D}$. 因为

$$\boldsymbol{D}=\frac{1}{\sqrt{3}}\begin{pmatrix}1 & 1 & 1\\ 1 & \omega & \omega^2\\ \omega & 1 & \omega^2\end{pmatrix},$$

则

$$\boldsymbol{\rho}_{X4}=\boldsymbol{D}^{\dagger}\boldsymbol{\rho}_{X1}\boldsymbol{D}=\begin{pmatrix}c_{11} & c_{12} & c_{13}\\ c_{21} & c_{22} & c_{23}\\ c_{31} & c_{32} & c_{33}\end{pmatrix},\tag{6.21}$$

其中

$$c_{11}=c_{33}=\frac{1-z}{3},c_{12}=\frac{(3x+z-1)-\sqrt{3}(x+2y+z-1)i}{6},$$

$$c_{13}=\frac{(3x-2z-1)+\sqrt{3}(x+2y-2z-1)i}{6},c_{22}=\frac{1+2z}{3},\tag{6.22}$$

$$c_{21}=\overline{c_{12}}=\overline{c_{23}}=c_{32},c_{31}=\overline{c_{13}}.$$

通过直接计算，可以得到以下结论．

定理 6.1 X 态在完全相互无偏基 $\{\alpha_1, \alpha_2, \alpha_3, \alpha_4\}$ 下的密度矩阵 $\boldsymbol{\rho}_{X1}$，$\boldsymbol{\rho}_{X2}$，$\boldsymbol{\rho}_{X3}$，$\boldsymbol{\rho}_{X4}$ 有下列关系：

$$\boldsymbol{\rho}_{X4}=\overline{\boldsymbol{\rho}_{X3}}\simeq\overline{\boldsymbol{\rho}_{X2}}.\tag{6.23}$$

证明 因为

$$\boldsymbol{\rho}_{X4}=\overline{\boldsymbol{\rho}_{X3}}=\begin{pmatrix}0&1&0\\1&0&0\\0&0&1\end{pmatrix}\overline{\boldsymbol{\rho}_{X2}}\begin{pmatrix}0&1&0\\1&0&0\\0&0&1\end{pmatrix},\tag{6.24}$$

于是有 $\boldsymbol{\rho}_{X4}=\overline{\boldsymbol{\rho}_{X3}}\simeq\overline{\boldsymbol{\rho}_{X2}}$.

6.2.2 X 态在完全相互无偏基下的相干性相对熵度量

本小节我们计算在相互无偏基 $\{\alpha_1, \alpha_2, \alpha_3, \alpha_4\}$ 下密度矩阵 $\boldsymbol{\rho}_{X1}$，$\boldsymbol{\rho}_{X2}$，$\boldsymbol{\rho}_{X3}$，$\boldsymbol{\rho}_{X4}$ 的相干性相对熵度量．

首先，计算密度矩阵 $\boldsymbol{\rho}_{X1}$ 的相干性相对熵．记 X 态的密度矩阵 $\boldsymbol{\rho}_{X1}$ 的相干性相对熵为 $C_r(\boldsymbol{\rho}_{X1})$，有

$$C_r(\boldsymbol{\rho}_{X1})=S(\boldsymbol{\rho}_{X1diag})-S(\boldsymbol{\rho}_{X1}),\tag{6.25}$$

其中

$$S(\boldsymbol{\rho}_{X1diag})=-\operatorname{tr}(\boldsymbol{\rho}_{X1diag}\log_2\boldsymbol{\rho}_{X1diag})=-\sum_{k=1}^{3}\lambda_{1k}\log_2\lambda_{1k},\tag{6.26}$$

λ_{1k}是$\boldsymbol{\rho}_{X1diag}$的特征值，并且

$$S(\boldsymbol{\rho}_{X1}) = -\operatorname{tr}(\boldsymbol{\rho}_{X1}\log_2\boldsymbol{\rho}_{X1}) = -\sum_{k=1}^{3}\widehat{\lambda_{1k}}\log_2\widehat{\lambda_{1k}}, \tag{6.27}$$

$\widehat{\lambda_{1k}}$是$\boldsymbol{\rho}_{X1}$的特征值，$S(\boldsymbol{\rho}_{X1diag})$ 和 $S(\boldsymbol{\rho}_{X1})$ 是 von Neumann 熵．由于

$$\boldsymbol{\rho}_{X1diag} = \begin{pmatrix} x & 0 & 0 \\ 0 & 1-x-y & 0 \\ 0 & 0 & y \end{pmatrix}, \tag{6.28}$$

因此$\boldsymbol{\rho}_{X1diag}$的特征值是

$$\lambda_{11} = x, \lambda_{12} = 1-x-y, \lambda_{13} = y. \tag{6.29}$$

因为

$$\boldsymbol{\rho}_{X1} = \begin{pmatrix} x & 0 & z \\ 0 & 1-x-y & 0 \\ z & 0 & y \end{pmatrix}, \tag{6.30}$$

所以通过计算能够得到$\boldsymbol{\rho}_{X1}$的特征值为

$$\begin{aligned} \widehat{\lambda_{11}} &= \frac{x}{2}+\frac{y}{2}-\frac{1}{2}(x^2-2xy+y^2+4z^2)^{\frac{1}{2}}, \\ \widehat{\lambda_{12}} &= 1-x-y, \\ \widehat{\lambda_{13}} &= \frac{x}{2}+\frac{y}{2}+\frac{1}{2}(x^2-2xy+y^2+4z^2)^{\frac{1}{2}}, \end{aligned} \tag{6.31}$$

$\boldsymbol{\rho}_{X1}$的相干性相对熵为

$$C_r(\boldsymbol{\rho}_{X1}) = S(\boldsymbol{\rho}_{X1diag}) - S(\boldsymbol{\rho}_{X1}) = -\sum_{i=1}^{3}\lambda_{1i}\log_2\lambda_{1i} + \sum_{i=1}^{3}\widehat{\lambda_{1i}}\log_2\widehat{\lambda_{1i}}.$$

然后，计算 X 态的密度矩阵$\boldsymbol{\rho}_{X2}$的相干性相对熵度量．记 X 态的密度矩阵$\boldsymbol{\rho}_{X2}$的相干性相对熵度量为 $C_r(\boldsymbol{\rho}_{X2})$，有

$$C_r(\boldsymbol{\rho}_{X2}) = S(\boldsymbol{\rho}_{X2diag}) - S(\boldsymbol{\rho}_{X2}), \tag{6.32}$$

其中

$$S(\boldsymbol{\rho}_{X2diag}) = -\operatorname{tr}(\boldsymbol{\rho}_{X2diag}\log_2\boldsymbol{\rho}_{X2diag}) = -\sum_{k=1}^{3}\lambda_{2k}\log_2\lambda_{2k}, \tag{6.33}$$

λ_{2k}（$k=1$，2，3）是$\boldsymbol{\rho}_{X2diag}$的特征值，并且

$$S(\boldsymbol{\rho}_{X2}) = -\operatorname{tr}(\boldsymbol{\rho}_{X2}\log_2\boldsymbol{\rho}_{X2}) = -\sum_{k=1}^{3}\widehat{\lambda_{2k}}\log_2\widehat{\lambda_{2k}}, \tag{6.34}$$

$\widehat{\lambda_{2k}}$（$k=1$，2，3）是$\boldsymbol{\rho}_{X2}$的特征值，$S(\boldsymbol{\rho}_{X2diag})$与$S(\boldsymbol{\rho}_{X2})$是 von Neumann 熵.

因为

$$\boldsymbol{\rho}_{X2diag} = \begin{pmatrix} \frac{1+2z}{3} & 0 & 0 \\ 0 & \frac{1-z}{3} & 0 \\ 0 & 0 & \frac{1-z}{3} \end{pmatrix}, \tag{6.35}$$

所以$\boldsymbol{\rho}_{X2diag}$的特征值为

$$\lambda_{21} = \frac{1+2z}{3}, \lambda_{22} = \frac{1-z}{3}, \lambda_{23} = \frac{1-z}{3}. \tag{6.36}$$

因为

$$\boldsymbol{\rho}_{X2} = \begin{pmatrix} \frac{1+2z}{3} & \frac{(3x+z-1)-\sqrt{3}(x+2y+z-1)i}{6} & \frac{(3x+z-1)+\sqrt{3}(x+2y+z-1)i}{6} \\ \frac{(3x+z-1)+\sqrt{3}(x+2y+z-1)i}{6} & \frac{1-z}{3} & \frac{(3x-2z-1)-\sqrt{3}(x+2y+z-1)i}{6} \\ \frac{(3x+z-1)-\sqrt{3}(x+2y+z-1)i}{6} & \frac{(3x-2z-1)+\sqrt{3}(x+2y-2z-1)i}{6} & \frac{1-z}{3} \end{pmatrix},$$

所以$\boldsymbol{\rho}_{X2}$的特征值为

$$
\begin{aligned}
\widehat{\lambda_{21}} &= \frac{x}{2} + \frac{y}{2} - \frac{1}{2}(x^2 - 2xy + y^2 + 4z^2)^{\frac{1}{2}}, \\
\widehat{\lambda_{22}} &= 1 - x - y, \\
\widehat{\lambda_{23}} &= \frac{x}{2} + \frac{y}{2} + \frac{1}{2}(x^2 - 2xy + y^2 + 4z^2)^{\frac{1}{2}},
\end{aligned}
\tag{6.37}
$$

于是，$\boldsymbol{\rho}_{X2}$的相干性相对熵为

$$
C_r(\boldsymbol{\rho}_{X2}) = S(\boldsymbol{\rho}_{X2diag}) - S(\boldsymbol{\rho}_{X2}) = -\sum_{i=1}^{3} \lambda_{2i}\log_2\lambda_{2i} + \sum_{i=1}^{3} \widehat{\lambda_{2i}}\log_2\widehat{\lambda_{2i}}.
$$

接下来，计算密度矩阵$\boldsymbol{\rho}_{X3}$的相干性相对熵度量．记密度矩阵$\boldsymbol{\rho}_{X3}$的相干性相对熵为$C_r(\boldsymbol{\rho}_{X3})$，有

$$
C_r(\boldsymbol{\rho}_{X3}) = S(\boldsymbol{\rho}_{X3diag}) - S(\boldsymbol{\rho}_{X3}). \tag{6.38}
$$

引理 6.1 密度矩阵$\boldsymbol{\rho}_{X2}$与$\boldsymbol{\rho}_{X3}$的相干性相对熵有如下关系：

$$
C_r(\boldsymbol{\rho}_{X2}) = C_r(\boldsymbol{\rho}_{X3}). \tag{6.39}
$$

事实上，由式（6.23）可知

$$
\overline{\boldsymbol{\rho}_{X3}} = \begin{pmatrix} 0 & 1 & 0 \\ 1 & 0 & 0 \\ 0 & 0 & 1 \end{pmatrix} \overline{\boldsymbol{\rho}_{X2}} \begin{pmatrix} 0 & 1 & 0 \\ 1 & 0 & 0 \\ 0 & 0 & 1 \end{pmatrix},
$$

于是

$$
\boldsymbol{\rho}_{X3} = \begin{pmatrix} 0 & 1 & 0 \\ 1 & 0 & 0 \\ 0 & 0 & 1 \end{pmatrix} \boldsymbol{\rho}_{X2} \begin{pmatrix} 0 & 1 & 0 \\ 1 & 0 & 0 \\ 0 & 0 & 1 \end{pmatrix}. \tag{6.40}
$$

因此$\boldsymbol{\rho}_{X2} \simeq \boldsymbol{\rho}_{X3}$，$\boldsymbol{\rho}_{X2}$和$\boldsymbol{\rho}_{X3}$的特征值是相等的．根据式（6.40），$\boldsymbol{\rho}_{X2diag}$和$\boldsymbol{\rho}_{X3diag}$的特征值也相等，于是$C_r(\boldsymbol{\rho}_{X3}) = C_r(\boldsymbol{\rho}_{X2})$.

最后，计算密度矩阵 $\boldsymbol{\rho}_{X4}$ 的相干性相对熵度量. 记密度矩阵 $\boldsymbol{\rho}_{X4}$ 的相干性相对熵为 $C_r(\boldsymbol{\rho}_{X4})$，有

$$C_r(\boldsymbol{\rho}_{X4}) = S(\boldsymbol{\rho}_{X4diag}) - S(\boldsymbol{\rho}_{X4}), \tag{6.41}$$

其中

$$S(\boldsymbol{\rho}_{X4diag}) = -\mathrm{tr}(\boldsymbol{\rho}_{X4diag}\log_2\boldsymbol{\rho}_{X4diag}) = -\sum_{k=1}^{3}\lambda_{4k}\log_2\lambda_{4k}, \tag{6.42}$$

λ_{4k}（$k=1$，2，3）是密度矩阵 $\boldsymbol{\rho}_{X4diag}$ 的特征值，

$$S(\boldsymbol{\rho}_{X4}) = -\mathrm{tr}(\boldsymbol{\rho}_{X4}\log_2\boldsymbol{\rho}_{X4}) = -\sum_{k=1}^{3}\widehat{\lambda_{4k}}\log_2\widehat{\lambda_{4k}}, \tag{6.43}$$

$\widehat{\lambda_{4k}}$（$k=1$，2，3）是密度矩阵 $\boldsymbol{\rho}_{X4}$ 的特征值，$S(\boldsymbol{\rho}_{X4diag})$ 和 $S(\boldsymbol{\rho}_{X4})$ 是 von Neumann 熵. 因为

$$\boldsymbol{\rho}_{X4diag} = \begin{pmatrix} \frac{1-z}{3} & 0 & 0 \\ 0 & \frac{1+2z}{3} & 0 \\ 0 & 0 & \frac{1-z}{3} \end{pmatrix}, \tag{6.44}$$

所以 $\boldsymbol{\rho}_{X4diag}$ 的特征值是

$$\lambda_{41} = \frac{1-z}{3}, \lambda_{42} = \frac{1+2z}{3}, \lambda_{43} = \frac{1-z}{3}. \tag{6.45}$$

因为

$$\boldsymbol{\rho}_{X4} = \begin{pmatrix} \frac{1-z}{3} & \frac{(3x+z-1)-\sqrt{3}(x+2y+z-1)i}{6} & \frac{(3x-2z-1)+\sqrt{3}(x+2y-2z-1)i}{6} \\ \frac{(3x+z-1)+\sqrt{3}(x+2y+z-1)i}{6} & \frac{1+2z}{3} & \frac{(3x+z-1)-\sqrt{3}(x+2y+z-1)i}{6} \\ \frac{(3x-2z-1)-\sqrt{3}(x+2y-2z-1)i}{6} & \frac{(3x+z-1)+\sqrt{3}(x+2y+z-1)i}{6} & \frac{1-z}{3} \end{pmatrix},$$

所以$\boldsymbol{\rho}_{X4}$的特征值为

$$
\begin{aligned}
\widehat{\lambda_{41}} &= \frac{x}{2}+\frac{y}{2}-\frac{1}{2}(x^2-2xy+y^2+4z^2)^{\frac{1}{2}},\\
\widehat{\lambda_{42}} &= 1-x-y,\\
\widehat{\lambda_{43}} &= \frac{x}{2}+\frac{y}{2}+\frac{1}{2}(x^2-2xy+y^2+4z^2)^{\frac{1}{2}},
\end{aligned}
\tag{6.46}
$$

于是密度矩阵$\boldsymbol{\rho}_{X4}$的相干性相对熵为

$$
C_r(\boldsymbol{\rho}_{X4}) = S(\boldsymbol{\rho}_{X4diag}) - S(\boldsymbol{\rho}_{X4}) = -\sum_{i=1}^{3}\lambda_{4i}\log_2\lambda_{4i} + \sum_{i=1}^{3}\widehat{\lambda_{4i}}\log_2\widehat{\lambda_{4i}}. \tag{6.47}
$$

通过推导可以得到以下结论.

定理 6.2 密度矩阵$\boldsymbol{\rho}_{X2}$，$\boldsymbol{\rho}_{X3}$与$\boldsymbol{\rho}_{X4}$的相干性相对熵有下列关系

$$
C_r(\boldsymbol{\rho}_{X2}) = C_r(\boldsymbol{\rho}_{X3}) = C_r(\boldsymbol{\rho}_{X4}). \tag{6.48}
$$

接下来，我们研究另外两类 X 态在四个相互无偏基 α_1，α_2，α_3，α_4下的相干性相对熵度量. 记这两类 X 态在计算基 $\alpha_1=\{\alpha_{11}, \alpha_{12}, \alpha_{13}\}=\{|0\rangle, |1\rangle, |2\rangle\}$ 下的密度矩阵分别为

$$
\boldsymbol{\rho}_{Y1}=\begin{pmatrix}1-x-y & 0 & 0\\ 0 & x & z\\ 0 & z & y\end{pmatrix} \quad 和 \quad \boldsymbol{\rho}_{Z1}=\begin{pmatrix}x & z & 0\\ z & y & 0\\ 0 & 0 & 1-x-y\end{pmatrix}, \tag{6.49}
$$

其中 x，y，$z\in\mathbb{R}$. 由于

$$
\boldsymbol{\rho}_{Y1}=\begin{pmatrix}0 & 1 & 0\\ 1 & 0 & 0\\ 0 & 0 & 1\end{pmatrix}\boldsymbol{\rho}_{X1}\begin{pmatrix}0 & 1 & 0\\ 1 & 0 & 0\\ 0 & 0 & 1\end{pmatrix}, \tag{6.50}
$$

$$\boldsymbol{\rho}_{Z1}=\begin{pmatrix}1&0&0\\0&0&1\\0&1&0\end{pmatrix}\boldsymbol{\rho}_{X1}\begin{pmatrix}1&0&0\\0&0&1\\0&1&0\end{pmatrix},\tag{6.51}$$

于是$\boldsymbol{\rho}_{X1}\simeq\boldsymbol{\rho}_{Y1}\simeq\boldsymbol{\rho}_{Z1}$. 因此

$$C_r(\boldsymbol{\rho}_{X1})=C_r(\boldsymbol{\rho}_{Y1})=C_r(\boldsymbol{\rho}_{Z1}).\tag{6.52}$$

令 $C_r(\boldsymbol{\rho}_{Y2})$，$C_r(\boldsymbol{\rho}_{Y3})$，$C_r(\boldsymbol{\rho}_{Y4})$ 分别表示密度矩阵$\boldsymbol{\rho}_{Y1}$在计算基α_2，α_3，α_4下的相干性相对熵. 令 $C_r(\boldsymbol{\rho}_{Z2})$，$C_r(\boldsymbol{\rho}_{Z3})$，$C_r(\boldsymbol{\rho}_{Z4})$ 分别表示密度矩阵$\boldsymbol{\rho}_{Z1}$在计算基α_2，α_3，α_4下的相干性相对熵. 利用上面的方法，能够得到与定理 6.1 相似的结论.

定理 6.3 密度矩阵$\boldsymbol{\rho}_{Y2}$，$\boldsymbol{\rho}_{Y3}$，$\boldsymbol{\rho}_{Y4}$与$\boldsymbol{\rho}_{Z2}$，$\boldsymbol{\rho}_{Z3}$，$\boldsymbol{\rho}_{Z4}$的相干性相对熵有如下关系：

$$\begin{aligned}&C_r(\boldsymbol{\rho}_{Y2})=C_r(\boldsymbol{\rho}_{Y3})=C_r(\boldsymbol{\rho}_{Y4}),\\&C_r(\boldsymbol{\rho}_{Z2})=C_r(\boldsymbol{\rho}_{Z3})=C_r(\boldsymbol{\rho}_{Z4}).\end{aligned}\tag{6.53}$$

本节我们选择了一组 3 维相互无偏基，它有很好的性质，我们得出了一类 X 态在这些相互无偏基下的密度矩阵等于它们的共轭转置矩阵的结论. 根据这些密度矩阵的关系，我们发现这类 X 态在这些非平凡相互无偏基下的密度矩阵的相干性相对熵度量相等. 此外，三类不同 X 态在同一个计算基下的密度矩阵是相似的，于是得出这些密度矩阵的相干性相对熵相等. 我们也发现另外两类 X 态在这些非平凡相互无偏基下的密度矩阵的相干性相对熵有相似的结果.

参考文献

[1] CLIFFORD W K. Applications of Grassmann's Extensive Algebra [J]. American Journal of Mathematics, 1878 (1): 350 - 358.

[2] HAMILTON W R. Elements of Quaternions [M]. London: Longmans Green, 1866: 6 - 51.

[3] LOUNESTO P. Clifford Algebras and Spinors [M]. Cambridge: Cambridge University Press, 2001: 163 - 203.

[4] LIPSCHITZ R. Untersuchungen über die Summe von Quadraten [M]. Bonn: Max Cohen und Sohn, 1886: 26 - 78.

[5] DIRAC P A M. The Quantum Theory of the Electron [J]. Proceedings of the Royal Society of London, Series A, 1928, 117 (778): 610 - 624.

[6] WITT E. Theorie Der Quadratischen Formen in Beliebigen Körpern [J]. Journal für die Reine und Angewandte Mathematik, 1937 (176): 31 - 44.

[7] CHEVALLEY C. The Algebraic Theory of Spinors [M]. New York: Columbia University Press, 1954: 31 - 44.

[8] PORTEOUS I R. Topological Geometry [M]. London: Van Nos-

trand Reinhold, 1969: 17 - 31.

[9] VAHLEN K T. Über Bewegungen und Komplexe Zahlen [J]. Mathematische Annalen, 1902, 55 (4): 585 - 593.

[10] MAASS H. Automorphe Funktioned von Mehreren Veränderlichen und Dirichletsche Reihen [J]. Abhandlungen aus dem Mathematischen Seminar der Universit Hamburg, 1949, 16 (3): 72 - 100.

[11] RIESZ M. Clifford Numbers and Spinors: Lecture Series, no. 38 [R]. Institute for Fluid Dynamics and Applied Mathematics, University of Maryland College Park, 1958: 5 - 22.

[12] STEIN M R. Algebraic K-theory, Lecture Notes in Math. no. 551 [M]. Berlin: Springer, 1976: 11 - 43.

[13] MORREL B B, SINGER I M. K-theory and Operator Algebras, Lecture Notes in Math. no. 575 [M]. Berlin: Springer, 1977: 3 - 28.

[14] BAK A. Algebraic K-theory, Number Theory, Geometry and Analysis, Lecture Notes in Math. no. 1046 [M]. Berlin: Springer, 1984: 8 - 32.

[15] KAROUBI M. K-theory [M]. Berlin: Springer, 1979: 11 - 31.

[16] HODGKIN L H, SNAITH V P. Topics in K-theory, Lecture Notes in Math. no. 496 [M]. Berlin: Springer, 1975: 7 - 36.

[17] ATIYAH M F, BOTT R, SHAPIRO A. Clifford Modules [J]. Topology 3, Supplement, 1964 (1): 3 - 38.

[18] HIRZEBRUCH F. Topological Methods in Algebraic Geometry

[M]. Berlin: Springer, 1965: 4-22.

[19] ATIYAH M F. Algebraic Topology and Elliptic Operators [J]. Communications on Pure and Applied Mathematics, 1967, 20 (2): 237-249.

[20] ATIYAH M F. Bott Periodicity and the Index of Elliptic Operators [J]. Quarterly Journal of Mathematics, 1968, 19 (1): 113-140.

[21] ATIYAH M F, SINGER I M. The Index of Elliptic Operators I [J]. Annals of Mathematics, 1968 (87): 484-530.

[22] ATIYAH M F, BOTT R, PATODI V K. On the Heat Equation and the Index Theorem [J]. Inventiones Mathematicae, 1973 (19): 279-330.

[23] BRACKX F, DELANGHE R, SOMMEN F. Clifford Analysis [M]. London: Pitman Publishing Incorporation, 1982: 1-17.

[24] DELANGHE R. On Regular-analytic Functions with Values in a Clifford Algebra [J]. Mathematische Annalen, 1970 (185): 91-111.

[25] DELANGHE R, SOMMON F, SOUCEK V. Clifford Algebra and Spinor-valued Functions [M]. Dordrecht: Kluwer Academic Publishers, 1992: 1-33.

[26] HESTENES D. Space-time Algebra [M]. New York: Gordon and Breach, 1966: 4-23.

[27] BAYLIS W E. Clifford (Geometric) Algebra with Applications to Physics, Mathematics, and Engineering [M]. Boston: Birkhäuser,

1996：1－55.

[28] CORROCHANO E B，SOBCZYK G. Geometric Algebra with Applications in Science and Engeneering [M]. Boston：Birkhäuser，2001：2－32.

[29] DORAN C，LASENBY A. Geometric Algebra for Physicists [M]. Cambridge：Cambridge University Press，2003：1－31.

[30] PERWASS C. Geometric Algebra with Applicating in Engineering [M]. Heidelberg：Springer Verlag，2009：1－22.

[31] 吴文俊．几何定理机器证明的基本原理 [M]．北京：科学出版社，1984：1－38.

[32] 李洪波．Clifford 代数，几何计算和几何推理 [J]．数学进展，2003，32（4）：405－415.

[33] 李洪波．Clifford 代数与几何定理机器证明 [J]．世界科技研究与发展，2001，23（3）：41－47.

[34] CARTAN É. The Theory of Spinors [M]. Dover：Courier Dover Publications，1966：2－43.

[35] HARVEY F R. Spinors and Calibrations [M]. San Diego：Academic Press，1990：42－87.

[36] MARCHUK N G. Tensor Products of Clifford Algebras [J]. Doklady Mathematics，2013（87）：185－188.

[37] SONG Y F，DU X K，LI W M. Real Clifford Algebras as Tensor Products over Centers [J]. Advances in Applied Clifford Algebras，2013（23）：607－613.

[38] BILGE A H, KOÇAK Ş, UĞUZ S. Canonical Bases for Real Representations of Clifford Algebras [J]. Linear Algebra with Applications, 2006, 419 (2-3): 417-439.

[39] TIAN Y. Universal Similarity Factorization Equalities over Real Clifford Algebras [J]. Advances in Applied Clifford Algebras, 1998, 8 (2): 365-402.

[40] OKUBO S. Real Representations of Finite Clifford Algebras. I. Classification [J]. Journal of Mathematical Physics, 1991, 32 (7): 1657-1668.

[41] OKUBO S. Real Representations of Finite Clifford Algebras. II. Explicit Construction and Pseudo-octonion [J]. Journal of Mathematical Physics, 1991, 32 (7): 1669-1673.

[42] BRIHAYE Y, MASLANKA P, GILER S, et al. Real Representations of Clifford Algebras [J]. Journal of Mathematical Physics, 1992, 33 (5): 1579-1581.

[43] HILE G N, LOUNESTO P. Matrix Representations of Clifford Algebras [J]. Linear Algebra with Applications, 1990 (128): 51-63.

[44] TIAN Y G. Matrix Representations of Octonions and Their Applications [J]. Advances in Applied Clifford Algebras, 2000 (10): 61-90.

[45] CAO W S. Similarity and Consimilarity of Elements in 4-dimensional Clifford Algebra [J]. Acta Mathematica Scientia, 2010

(30A): 531 -541.

[46] 曹文胜 . Clioffrd 代数与 Möbius 群 [D]. 长沙: 湖南大学, 2005: 1 -33.

[47] LEE D, SONG Y. The Matrix Representation of Clifford Algebras [J]. Journal of the Chungcheong Mathematical Society, 2010 (23): 363 -368.

[48] LEE D, SONG Y. Applications of Matrix Algebra to Clifford Groups [J]. Advances in Applied Clifford Algebras, 2012 (22): 391 -398.

[49] LEE D, SONG Y. Matrix Representation of the Low Order Real Clifford Algebras [J]. Advances in Applied Clifford Algebras, 2013 (23): 965 -980.

[50] LEE D, SONG Y. Explicit Matrix Realization of Clifford Algebras [J]. Advances in Applied Clifford Algebras, 2013 (23): 441 -451.

[51] LEE D, SONG Y. A Construction of Matrix Representation of Clifford Algebras [J]. Advances in Applied Clifford Algebras, 2015 (25): 719 -731.

[52] CHUANG I, NIELSEN M. Quantum Computation and Quantum Informations [M]. Cambridge: Cambridge University Press, 2000: 1 -39.

[53] HESTENES D. Multivector Functions [J]. Journal of Mathematical Analysis and Applications, 1968 (24): 467 -473.

[54] PENROSE R, RINDLER R. Spinors and Space-time [M]. Cambridge: Cambridge University Press, 1984: 1-57.

[55] WITTEN E. A New Proof of the Positive Energy Theorem [J]. Communications in Mathematical Physics, 1981 (80): 381-402.

[56] 贺福利. Hermitean Clifford 分析中的分解，积分公式及级数展开 [D]. 武汉：武汉大学，2009: 1-28.

[57] 宋元凤，李武明. $C\ell_{0,2k+1}$的张量积分解式与矩阵表示 [J]. 吉林大学学报(理学版)，2014，52 (2): 185-189.

[58] 刘绍学，郭晋云，朱彬，等. 环与代数 [M]. 2 版. 北京：科学出版社，2009: 1-33.

[59] 冯克勤，章璞，李尚志，等. 群与代数表示引论 [M]. 2 版. 合肥：中国科学技术大学出版社，2003: 1-49.

[60] GALLIER J. Clifford Algebras, Clifford Groups and a Generalization of the Quaternions: The Pin and Spin Groups [J]. arXiv: 0805.0311 [math. GM].

[61] LAM T Y. The Algebraic Theory of Quadratic Forms [M]. Reading: The Benjamin/Cummings Publishing Company, 1973: 101-141.

[62] 李武明，张雪峰. 时空平面的 Clifford 代数与 Abel 复数系统 [J]. 吉林大学学报(理学版)，2007，45 (5): 748-752.

[63] 雅格龙. 九种几何 [M]. 陈光还，译. 上海：上海科学技术出版社，1985: 1-26.

[64] BIRKHOFF G. Lattice Theory [M]. Math Soc: Colloquium Publications, 1940: 2-37.

[65] FUCHS L. Partically Odered Algebraic Systems [M]. Oxford: Pergamon Press, 1963: 1-24.

[66] FUCHS L. On Group Homomorphic Images of Partially Ordered Semigroups [J]. Acta Scientiarum Mathematicarum, 1964 (25): 139-142.

[67] FUCHS L. A Remark on Lattice-ordered Semigroups [J]. Semigroup Forum, 1974 (7): 372-374.

[68] HOLLAND W C. The Lattice-ordered Group of Automorphisms of an Ordered Set [J]. Michigan Mathematical Journal, 1963 (10): 399-408.

[69] 谢祥云. 序半群引论 [M]. 北京: 科学出版社, 2001: 1-58.

[70] LAMBERT N, CHEN Y N, CHENG Y C, et al. Quantum Biology [J]. Nature, 2013 (9): 10-18.

[71] HUELGA S F, PLENIO M B. Vibrations, Quanta and Biology Contemp [J]. Contemporary Physics, 2013 (54): 181-207.

[72] HUELGA S F, PLENIO M B. Quantum Biology: A Vibrant Environment [J]. Nature Physics, 2014, 10 (9): 621-622.

[73] NARASIMHACHAR V, GOUR G. Low-temperature Thermodynamics with Quantum Coherence [J]. Nature Communications, 2015 (6): 7689-7714.

[74] ĆWIKLIŃSKI P, STUDZIŃSKI M, HORODECKI M, et al. Limitations on the Evolution of Quantum Coherence: Towards Fully Quantum Second Laws of Thermodynamics [J]. Physical Review

Letters, 2015 (115): 210403 - 210407.

[75] LOSTAGLIO M, JENNINGS D, RUDOLPH T. Description of Quantum Coherence in Thermodynamic Processes Requires Constraints Beyond Free Energy [J]. Nature Communications, 2015 (6): 6383 - 6394.

[76] LOSTAGLIO M, KORZEKWA K, JENNINGS D, et al. Quantum Coherence, Time-traslation Symmetry and Thermodynamics [J]. Physical Review X, 2015 (5): 021001 - 021005.

[77] GIOVANNETTI V, LLOYD S, MACCONE L. Advances in Quantum Metrology [J]. Nature Photonics, 2011 (5): 222 - 229.

[78] GLAUBER R J. Coherent and Incoherent States of Radiation Field [J]. Physical Review, 1963 (131): 2766 - 2788.

[79] SUDARSHAN E C G. Equivalence of Semiclassical and Quantum Mechanical Descriptions of Statistical Light Beams [J]. Physical Review Letters, 1963 (10): 277 - 279.

[80] MANDEL L, WOLF E. Optical Coherence and Quantum Optics [M]. Cambridge: Cambridge University Press, 1995: 5 - 38.

[81] PLENIO M B, VIRMANI S. An Introduction to Entanlement Measures [J]. Quantum Information Computation, 2007 (7): 1 - 51.

[82] HORODECKI R, HORODECKI P, HORODECKI M, et al. A Family of Continuous Variable Entanglement Criteria Using General Entropy Functions [J]. Reviews of Modern Physics, 2009

(81): 865 -872.

[83] BAUMGRATZ T, CRAMER M, PLENIO M B. Quantifying Coherence [J]. Physical Review Letters, 2014 (113): 140401 - 140412.

[84] BROMLEY T R, CIANCIARUSO M, ADESSO G. Frozen Quantum Coherence [J]. Physical Review Letters, 2015 (114): 210401 -210406.

[85] SILVA I A, SOUZA A M, BROMLEY T R. Observation of Time-Invariant Coherence in a Nuclear Magnetic Resonance Quantum Simulator [J]. Physical Review Letters, 2016 (117): 160402 -160407.

[86] ZHAO M J, MA T, MA Y Q. Coherence Evolution in Two-qubit System Going Through Amplitude Damping Channel [J]. Science China-Physics Mechanics and Astronomy, 2018 (2): 12 -17.

[87] WANG Y K, SHAO L H, ZHANG Y R. The Geometry of Quantum Coherence for Two Qubit X States [J]. International Journal of Theoretical Physics, 2019 (58): 2372 -2381.

[88] BU K, KUMAR A, ZHANG L, et al. Cohering Power of Quantum Operations [J]. Physics Letters A, 2017 (381): 1670 -1680.

[89] SITU H, HU X. Dynamics of Relative Entropy of Coherence under Markovian Channels [J]. Quantum Information Processing, 2016 (15): 4649 -4661.

[90] MA J, YADIN B, GIROLAMI D, et al. Converting Coherence to Quantum Correlations [J]. Physical Review Letters, 2016 (116):

160407 - 160411.

[91] RADHAKRISHNAN C, PARTHASARATHY M, JAMBULINGAM S, et al. Distribution of Quantum Coherence in Multipartite Systems [J]. Physical Review Letters, 2016 (116): 150504 - 150508.

[92] BU K F, SINGH U, FEI S M, et al. Maximum-Relative Entropy of Coherence: An Operational Coherence Measure [J]. Physical Review Letters, 2017 (119): 150405 - 150409.

[93] SPENGLER C, HUBER M, BRIERLEY S, et al. Entanglement Detection Via Mutually Unbiased Bases [J]. Physical Review A, 2012, 86 (2): 8260 - 8269.

[94] IVONOVIC I D. Geometrical Description of Quantal State Determination [J]. Journal Physics A: Mathematical and General, 1981, 14 (12): 3241 - 3245.

[95] BRIERLEY S. Quantum Key Distribution Highly Sensitive to Eavsdropping [J]. arXiv: 0910. 2578v1 (2009) .

[96] SCHWINGER J. Unitary Operator Bases [J] . Proceedings of the National Academy of Sciences USA, 1960 (45): 570 - 579.

[97] WOOTTERS W K, FIELDS B D. Optimal State-determination by Mutually Unbiased Measurements [J]. Annals of Physics, 1989 (191): 363 - 381.

[98] DURT T, ENGLERT B G, BENGTSSON I, et al. On Mutually Unbiased Bases [J]. International Journal of Quantum Informa-

tion, 2010, 8 (4): 535 -640.

[99] GIOVANNETTI V, LLOYD S, MACCONE L. Quantumenhanced Measurements: Beating the Standard Quantum Limit [J]. Science, 2004 (306): 1330 -1334.

[100] DEMKOWICZ-DOBRZAŃSKI R, MACCONE L. Using Entanglement Against Noise in Quantum Metrology [J]. Physical Review Letters, 2014 (113): 250801 -250805.

[101] LI C M, LAMBERT N, CHEN Y N, et al. Witnessing Quantum Coherence: From Solid-state to Biological Systems [J]. Scientific Reports, 2012 (2): 885 -893.

[102] SHAO L H, XI Z, FAN H, et al. The Fidelity and Trace Norm Distances for Quantifying Coherence [J]. Physical Review A, 2014 (91): 042120 -042123.

[103] CHITAMBAR E, GOUR G. Comparison of Incoherent Operations and Measures of Coherence [J]. Physical Review A, 2016 (94): 052336 -052354.

[104] WANG Y K, GE L Z, TAO Y H. Quantum Coherence in Mutually Unbiased Bases [J]. Quantum Information Processing, 2019, 18 (164): 1 -12.

[105] SHEN M Y, SHENG Y H, TAO Y H, et al. Quantum Coherence of Qubit States with Respect to Mutually Unbiased Bases [J]. International Journal of Theoretical Physics, 2020 (59): 3908 -3914.

[106] SONG Y F, WANG Y K, TANG H, et al. Evolution of Relative Entropy of Coherence for Two Qubits X States [J]. International Journal of Theoretical Physics, 2020 (59): 873-883.

致　　谢

感谢杜现昆教授在我读博士期间以及博士毕业后一直以来对我的帮助与支持．感谢李武明教授对我研究与学习 Clifford 代数领域的支持与帮助．感谢王耀坤教授对我研究与学习量子通信领域的热心帮助与支持．感谢我的家人一直以来对我工作和学习的支持．